一九四二 饑餓中國

孟磊 關國鋒 郭小陽等 編著

目次

目次

引子

一九四二：歷史黑洞

引子

一九四二：歷史黑洞

「一九四二年就是民國三十一年，你查民國三十一年就是了！」說這話時，記者正在去省檔案館的路上，在十字路口等紅綠燈，接到了鄭州鐵路局工作人員的電話，此前已拜託他們翻翻內部檔案。路人聽得「民國三十一年」，齊刷刷地盯著記者從頭看到腳。其時陽光正好，紫荊山附近車水馬龍，一派安穩。也難怪，這是個多陌生的紀年，很少有人會一下子把它換算成一九四二年，自然也不會想起那場就發生在我們腳下的、餓死三百萬人的大饑荒。

這是有意無意被遺忘的一年，也是交織饑餓、恐懼的一年。在歷史文獻上，很難找到這一年的翔實資料。有關部門對相關數字，也是欲說還休。這一年，就是一九四二年。我們的故事從一九四二年開始，從劉震雲的小說開始。

二〇一二年年底，馮小剛籌畫了十幾年、根據劉震雲的小說《溫故一九四二》拍攝的電影上映。這部電影，反映的是發生在一九四二年河南的一場前所未有的大饑荒。由於當時的種種封鎖，除了極少數人爲這場大災留下片斷記錄外，它在歷史上幾乎是一片空白；除了宋致新和部分研究災荒的學者，鮮有人對此進行過專門研究。

一九四二年大旱，河南餓死三百萬人。時隔七十年，大多數親歷者已經去世。記者歷時兩個多月，查閱相關資料，希望能在這場災難的發生地，追尋到那段歷史留下的痕跡。

事實上，除了這場災難的慘烈和追尋的艱難令人感歎，更可怕的是，它如此輕易地被人一直遺忘。在採訪時，每每提起一九四二年，即便是管理檔案的人，第一句話也是「一九四二年怎麼了？」

這到底是怎樣的一場災難，又爲何被深深掩埋？在河南的官方資料中，還能找到多少痕跡？

氣象部門：無記錄

一九四二年大旱，在氣象資料上沒有任何記錄。

河南省氣象臺聽到問起「一九四二年」，直接就回絕了：「我們的氣象記錄從一九五二年才開始，之前的都沒有。」

那省檔案館會不會有？工作人員在看了厚厚一疊檔案編號後，回答是一樣的：「一九五二年以後才有氣象檔案。」

那一年到底旱到什麼地步，氣溫多少度，多少天沒下雨，我們都已經無從得知。《河南省志》倒是有兩段記述，前後不過三百來字，文中說道：「一九四二年安陽苦旱，二麥未收，秋禾盈尺又未結實，淇縣山丘顆粒未收。洛寧二麥收成不佳，早秋旱死，晚秋未出土。」其後列舉了通許、伊川、偃師、汝陽、密縣、鄭州、尉氏、許昌、睢縣、西華、桐柏、南陽、唐河、新蔡等地旱情，所用詞大多都是「大旱」、「秋絕收」，再無其他。

河南省抗旱救災防禦協會原秘書長管志光，主編過一本近代河南歷次災情的書，其中提到了一九四二年大旱。他說，當年曾經走訪了一些地市，瞭解過這場慘烈的災情，但後來在編書時，手稿沒留，就直接選用了劉震雲的小說《溫故一九四二》。

他手裏，還有一部分複印的當年的《新華日報》，內容多是「賑濟豫災」，已看不清楚報頭上的日期，不過從上面顯示的「宋美齡訪美」等內容推算，應該是一九四三年上半年，河南災情正是最嚴重的時候。

聽到我們的談話，管志光辦公室的一個人從一堆文件中抬起頭：「死了三百萬人，眞有那麼多嗎？咋統計出來的？」

事後，記者在《河南省志・人口志》上，查看了一下前後人口的對比。在一九四〇年，河南人口是三千零六十七萬，一九四二年三千七百九十八萬，一九四三年二千五百九十五萬，到一九四四年，二千四百七十一萬。這四年，人口減少了五百九十六萬。考慮正常的人口增減和戰亂的影響，一九四二年餓死三百萬人，是目前學界估計的數字（也有人認爲是五百萬）。

餓死三百萬，到底意味著什麼？從一八四〇年算起，即便是在人人談之色變的光緒三年（一八七七年），連續大旱三年後，河南的人口最多減少了一百八十二萬。而一九四二年，豫北、豫東已經淪陷，死亡人數無從得知，剩下國統區的半省大旱一年，便餓死了三百萬人。

僅僅大旱，怎麼會死這麼多人？

鐵路局：無記錄

在這塊土地上無法存活的人，便選擇了另一條路——逃荒。

當年大規模的逃荒，除去極少數往北邊、南邊跑的，大部分是順著隴海鐵路，西逃陝西。當時，鄭州已是鐵路樞紐，隴海、平漢鐵路貫穿，但平漢線在日軍侵略期間破壞殆盡，僅餘隴海鐵路尚存部分運力，連接大後方，據當時報紙記載，每天有數千人聚集洛陽火車站。鐵路部門是否留有資料？

找了鄭州鐵路局工作人員王春雷，他很熱情：「我馬上給領導說說，看能不能查到。」

三天後，記者接到了他的電話：「找到檔案了，不過這都是按民國紀年記載的，你說的是哪一年？」

聽說有記載，不由興奮，忍不住聲音都提高了：「一九四二年就是民國三十一年，你查民國三十一年就是了！」

說這話時，記者正在去省檔案館的路上，在十字路口等紅綠燈。路人聽得「民國三十一年」，齊刷刷地盯著記者從頭看到腳。其時陽光正好，紫荊山附近車水馬龍，一派安穩。也難怪，這是個多陌生的紀年，很少人會把它一下子換算成一九四二年，自然也不會想起那場就發生在我們腳下的、餓死三百萬人的大饑荒。

記者匆匆趕到鄭州鐵路局，工作人員打開了檔案室。厚厚的《鐵路年鑑》和《隴海年鑑》塵封已久，紙頁早已變脆發黃，需要輕輕掀起，才不至於碰破，但五六本翻下來，多是記載鐵路修建、人員編制等，對於這起逃荒事件，隻字未提。而「民國三十一年」的大事，是寶天段鐵路局成立，孝感至漢水埠鐵路支線通車。

看記者一下午無所獲，管理檔案的楊工似有愧疚，慌忙解釋：「這可是全部東西了，鐵道部修志都是在這裏查的。」他又補充一句：「你說的一九四二年大旱，這應該是個社會事件吧？和鐵路關係也不是很大。」

記者致謝，也許如他所說，逃荒是社會事件，和鐵路關係不大。

留在歷史角落的真相

還好，河南省檔案館，依然有檔案留下來。

在這裏，能查到當年的災情統計、國民政府官員的彙報和救災措施。那是當時留下來的面上的東西，它只能告訴我們，當年有災情，死了多少人，還有官方的應對。而到底災情有多嚴重？眞實情況如何呢？爲什麼會造成如此慘烈的大饑荒？這些疑問還需要我們去查考。

二〇〇五年，湖北省社科院研究員宋致新出版《一九四二河南大饑荒》一書，收錄近二十萬字珍貴的原始資料與回憶文章，包括當年三個記者的報導：《大公報》記者張高峰、《前鋒報》記者李蕤和美國《時代》周刊記者白修德。這些報導眞切生動地告訴我們災荒中的具體景象。

記者在河南省圖書館報刊部，查到了一九四三年二月一日的《大公報》，上面全文刊載了記者張高峰寫的通訊《豫災實錄》。

這篇轟動一時，導致張高峰被下獄、《大公報》被停刊三天的報導，靜靜躺在報紙第二版的下角。前後不過近四千字，卻承載著當時三千萬老百姓的生死。

其他的資料，我們身邊還有沒有留存？意外的收穫，發生在河南省政協的《河南文史資料》編輯室。

《河南文史資料》，曾長期由袁蓬主編，他是當年南陽《前鋒報》編輯。因爲當時嚴厲的新聞封鎖，《前鋒報》是唯一堅持系列報導災情的河南報紙。上世紀八十年代他擔任《河南文史資料》主編時，組織了大量鉤沉一九四二年河南大饑荒的文章。在他的支持下，《前鋒報》記者李蕤（當時署名「流螢」）關於災區情況的系列報導《豫災剪影》得以重見天日。

找到《河南文史資料》編輯部，卻得知袁蓬先生已經去世。但工作人員給了《河南文史資料》目錄，「也不知道哪些是你需要的，你自己看看吧」。

裏邊有數百個目錄，一篇篇看下來，竟意外發現了當時《前鋒報》的報導，以及大量經歷那場災荒的人員及其後人的回憶文章，其中不乏當時瞭解災情的國民政府大員寫的。如獲至寶，趕緊問，這個東西能不能帶走看看？

大饑荒被剝光的榆樹

她說：「可以複印，不過這書太厚了，或者你可以買。」

記者毫不猶豫：「那就買這兩本吧。」

她看了看，說，一本兩塊錢，還略帶歉意：「本來是一塊五，後來複印的，漲價了。」

這些書紙張已經發黃，出版時間是一九八四年。在這本書上寫下回憶錄的人，多多是二十世紀初期出生的，現在大都已經作古。而這本書的定價，居然近三十年都沒變。

也只能查到這麼多痕跡了。通過《河南省志》、河南省檔案館的災情統計、宋致新的彙編資料、《大公報》報導、《河南文史資料》的文字資料，以及這場災荒的親歷者及其後人的回憶，資料雖然少，但已經能夠告訴我們，那一年究竟發生了什麼。

透過那些照片和文字，七十年前人間地獄般的河南，如在眼前。這塊土地上的人，當年承受了太多的苦難。抗戰期間，河南一直「兵役第一、徵實第二」，河南農民們把自己的孩子送上戰場保衛國家，把自己僅有的一點糧食捧出來獻給國家，自己啃著草根野菜，而讓人前心涼到後背的是，一九四二年旱災中三百萬人的死亡，天災只是一部分原因，更主要的原因卻是人禍。

也就是說，我們有數百萬的父老鄉親的生死，就那麼悄無聲息地，被人為「掩埋」了。

第一章

山河破碎

第一章
山河破碎

河堤上，有一個冷清的關帝廟……我們對著紅臉長鬚的關雲長磕了三個響頭，我跪在地上默默禱告：「關老爺，中華民族眼下遭了大難，被日本鬼子欺侮得很慘。我們打不過他們，只好放黃河水淹，淹死了老百姓，你得寬恕我們。」

旁邊有人目光呆滯，連連嚷道：「要死多少人……要死多少人吶！」

一群人呼啦跪了下去，面對著波濤洶湧的黃河，放聲大哭。

二〇一二年七月七日，鄭州市花園口，黃河日復一日默默東流。如今這裏已是一個風景名勝區。尤其是週末和節假日，更是有大量遊人。這倒是把花園口村帶繁華了，村民們靠著黃河，養家糊口，發家致富。

在花園口村附近，是「花園口事件記事廣場」，附近不遠就是「扒口處」。

一九三八年，因日軍進犯，蔣介石決定「以水代兵」，扒開花園口黃河大堤，此舉造成八十九萬人死亡，一千二百五十多萬百姓受災，史稱「花園口事件」。

扒口處如今長滿荒草，除了一座高高豎起的紀念碑，已經絲毫看不出當初的痕跡。

旁邊，是忙著做生意的花園口村民，一個做遊船生意的年輕小伙子，每見遊人路過，都熱情地湊上去問：「坐船嗎？」

指著這個紀念廣場，問他是否知道當年花園口事件，小伙子匆匆答道：「俺這裏沒淹，別處淹了。」接著就問：「坐船嗎？」

據黃河水利委員會河南水務局宣傳科長祖士保說，當年他們曾到村裏瞭解情況，發現所有的親歷者都已去世，一個老太太自稱是親歷者，但核對了一下，年齡不對，「一九三八年她頂多兩三歲，能有多少印象？估計也就是聽村裏老人講過」。

花園口決堤處的紀念碑

黃河花園口決堤堵口記事碑下，來自周口的農民工老葛和幾個工友正坐著歇息。

因爲是七月七日，恰逢抗日戰爭紀念日，一些學生在進行愛國教育宣傳，一撥一撥的人，在紀念碑下聽講當年國民政府扒開黃河大堤，導致豫東成爲「黃泛區」，八十九萬人死亡、三百九十多萬人逃荒的事。

老葛們聽得入神，待學生走完，幾個人就開始討論：「既然當時都淹了，那現在的花園口村民，還是原來的嗎？都是後來搬進來的吧？」

「不對，當時花園口村的人應該沒被淹，他們事先知情，都已經跑了，主要是開封、商丘、周口那邊的人不知道，正睡著覺，水『呼啦』就淹過房頂了。」

「當時不是有收音機了嗎？爲啥不用收音機通知大家水來了，趕緊跑？」有人問。

「那會兒也就大城市有收音機，鄉下哪有？就算有，日本人就要打過來了，哪還有空通知？」

這麼一說，大家若有所悟。老葛還是有些憤憤的，「啪啪」彈了幾下煙灰，他的老家周口，當年也是被水淹的災區。

碑文的一面，刻著「濟國安瀾」四個字，落款是「蔣中正」。老葛看了半天，說：「我覺得吧，『濟國安瀾』這個『安』字得改改。」

「咋改？」

「改成『濟國淹瀾』，你把國家都淹了，還安個啥？」

老葛們不知道，國民政府當年決定扒開黃河大堤，是爲了抵擋西進的日軍，絕對不會事先走漏消息，要是被日軍知道了，換條路線進攻，這大堤就白扒了。扒開大堤後，他們按照事先周全的計畫，立刻把責任推到了日軍頭上，對外獲取國際輿論同情，對內轉移老百姓的怨恨。從這個層面上，別說當時沒有收音機，就算人手一部手機，蔣委員長可能也不會把這個消息透露給將要被淹死的八十九萬黃泛區人民吧？

從一開始，蔣委員長就是準備把河南當「犧牲品」的。這種思想，直接影響到了他在一九四二年的做法。

這樣看來，農民工老葛們，和蔣委員長相比，顯然太天眞了。

國民政府扒開花園口黃河大堤

「花園口決堤事件」，和一九四二年有著繞不開的重大關係。

一九四二年，中國正處於抗日戰爭的相持階段，前線暫無大的戰事。數得著的，也就是當年一月蔣介石代表中國參加太平洋會議，當年四月中國遠征軍出征緬甸。

而此時的河南，並非穩定的大後方，半省淪陷，依舊處於中日交鋒的前線。

早在一九三七年十一月初，日軍突入豫北佔領安陽，到一九三八年二月底，華北地區大部淪陷，河南省黃河以北地區幾乎全被日軍佔領。五月徐州會戰後，日軍大舉進犯豫東，十二日佔領豫東門戶永城，接著夏邑、商丘、寧陵、民權諸縣先後淪陷。六月六日，日軍佔領河南省會開封，後繼續西犯鄭州。

在日軍進攻鄭州前夕，國民政府軍事委員會決定，扒開花園口黃河大堤，以阻擊日軍西進。

決策一層層下來，具體執行決堤的任務，落到了五十三軍頭上。於是，五十三軍新八師參謀熊先煜，和工程師及工兵營幾個人，到現場勘察。

都知道這是件造孽的事。

多年以後，熊先煜還記得當時的情景：

河堤上，有一個冷清的關帝廟……我們對著紅臉長鬚的關雲長磕了三個響頭……我跪在地上默默禱告：「關老爺，中華民族眼下遭了大難，被日本鬼子欺侮得很慘。我們打不過他們，只好放黃河水淹，淹死了老百姓，你得寬恕我們。」

一九三八年花園口決堤以後黃泛區航拍圖

旁邊的人目光呆滯，連連嚷道：「要死多少人……要死多少人吶！」工兵營營長黃映清咚的一聲跪在地上，舉眼向天，熱淚長淌。我們全都隨他跪了下去，面對著波濤洶湧的黃河，放聲大哭。

拜完，哭完，六月九日，大堤還是扒開了。（參見熊先煜口述、羅學蓬整理《花園口決堤眞相揭秘》）

形成大片「黃泛區」，一千二百五十多萬百姓受災

花園口附近的老百姓，事先已經疏散，只說是「日軍來了」。

花園口決堤後，黃河水波濤洶湧，經中牟、尉氏直瀉而下，經賈魯河、渦河分兩股匯入淮河，最後流入長江，在豫東、皖北、蘇北地區形成了大片大片的黃河氾濫區。黃水所到之處，盡成澤國，千萬人民在兵災之中又遭水災，死傷無數，倖存下來的人，變得一貧如洗，開始成群結隊外出逃荒。

事後，國民政府軍事委員會政治部部長陳誠專門在武漢召開新聞發佈會，把炸毀黃河大壩的責任，推到日軍頭上，一時招來英美等輿論對日軍的嚴厲譴責，日方媒體

對此進行了反擊，但國民政府早已準備好了對策：「慣作欺騙宣傳的日寇，還不知懺悔，把掘河毀堤的罪行，竟移到我們身上。」

同時，對河南百姓，國民政府也是口徑一致：大堤是日軍炸毀的，要恨要罵都衝著日本人去。

花園口掘堤，黃河東南流，暫時擋住了日軍西進的腳步。一九三八年九月，日軍掉頭進犯豫南地區，很快佔領了商城、光山、潢川、固始、羅山、信陽諸縣。

關於這件事的功罪，七十多年來一直爭論不休。支持的一方認爲，如果當時不掘花園口大堤，日軍就會迅速佔領鄭州、洛陽，西安也會危在旦夕；佔領鄭州後，日軍將控制平漢線，直接南下奪取武漢，其時正處於抗戰緊要階段，日軍進攻勢頭正盛，南京已丟，若再丟武漢，中國會汛速失掉半壁江山。掘開花園口「以水代兵」後，至少保住了鄭州以西地區，讓隴海線還處於中國控制之下，當時蘇聯的救援，主要通過隴海線運來，且爲組織武漢會戰爭取了時間。

反對者認爲，黃河決堤氾濫後，日軍連褲腿都懶得濕，就直接掉頭南下，幾個月後攻克武漢，因此這一掘堤舉動不過是給人民帶來了巨大災難。

且不論掘堤在軍事上的意義，這一事件的直接後果，就是犧牲了河南百姓。黃河決堤後，豫東一千二百萬畝肥沃良田成了荒灘，八十九萬人死亡，三百九十萬人流

黃泛區居民

在水中跋涉的難民

亡，其中一大部分災民，逃到了豫中豫西的國統區。

多年以後，與一九四二年相關的另一個至關重要的人物、《時代》周刊記者白修德，在回憶錄中提到，這次黃河改道影響了河南的生態，後來的大旱和蝗蟲都與此有關。

部隊「吃地麵」，搶一隻雞還要勒索二十個雞蛋

由於重要的交通線幾乎全被日軍控制，糧食運輸困難，當時國民政府規定，每個地區向駐在該地區的軍隊提供給養。這樣，越是近前線的地區，駐守的軍隊就越多，農民的負擔也就越重。河南面對北、南、東三方面的日軍，駐守軍隊總數達五十萬到一百萬人。他們的糧食及物資供應，全由河南老百姓承擔。

一九四二年，河南屬第一戰區，司令長官是蔣鼎文，副司令長官湯恩伯。說起湯恩伯，河南百姓對他深惡痛絕，多年後把他和「水、旱、蝗」並列，稱爲「四害」之一。他在抗戰初期多次對抗日軍，臺兒莊戰役也有戰功，但在駐守河南期間，正直人士對其多有參劾。記者在所查閱資料中，僅見白修德提到他的好，說他「是見過的最好的長官之一」，因爲他修建了孤兒院——雖然是個時疫橫行、臭氣熏天的孤兒院。

白修德這個美國人對河南人民有大恩，後面會詳細提到。但他對湯恩伯的認識，

顯然沒有數年在其治下的河南人民清楚。

湯恩伯在國統區內的行動有興土木、掘長溝、建營房、修工事、運糧秣、派軍差等，還以治理黃河爲名，無限制地強行徵工徵料，以「代購」的方式，強迫三四十個縣的百姓，向駐豫軍隊供應數額巨大的軍糧和馬料。他所屬的部隊，有的乾脆沿用北洋軍閥的做法「吃地麵」，甚至公開搶劫，把河南吃得一乾二淨，致使無論大戶小戶，都無糧食儲備。河南民間因此流傳「寧要敵軍來燒殺，不願湯軍來駐紮」的說法。

十三軍是湯恩伯的子弟兵，紀律極差，他們倚仗湯恩伯的勢力，在地方上作惡多端，農民飼養的豬、羊、雞、鴨，亦被盡數搜刮，更爲可惡的是，抓人一隻母雞，還要勒索二十個雞蛋，農民稍一遲疑，當兵的就大聲呵斥：「母雞能不下蛋，雞蛋哪裏去了？」

不僅如此，他還徵收沉重賦稅，稅單貼滿百姓的門。抓起壯丁來不顧死活，哪怕是這家唯一的男人。更甚者，很多當兵的缺錢了就土匪似的隨便在路上抓個人，然後管家屬索要贖金。

河南省社科院研究員王全營（現已退休），曾專門研究過這段歷史，並寫成《河南抗日戰爭史》一書。他說，當時的河南，國統區有六十九個縣，另外四十二個縣淪陷。戰爭造成了嚴重破壞，經濟受到極大摧殘。河南的工業本來就很落後，較大企業和工廠全都遷走，糧食種植面積從一九三六年的七千八百萬畝，減少到一九四二年的二千八百萬畝，產量大幅降低。農田設施失修，水渠沒人管了，水井沒人打了；牲畜也沒了。戰爭期間大量的抓丁拉夫，也導致勞動力嚴重減少。抗戰

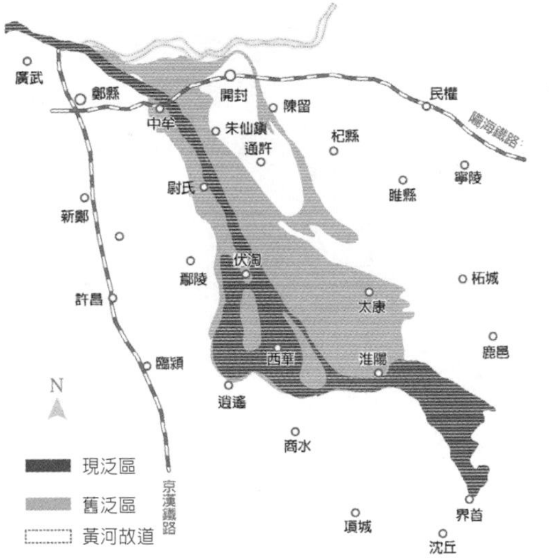

黃泛區示意圖

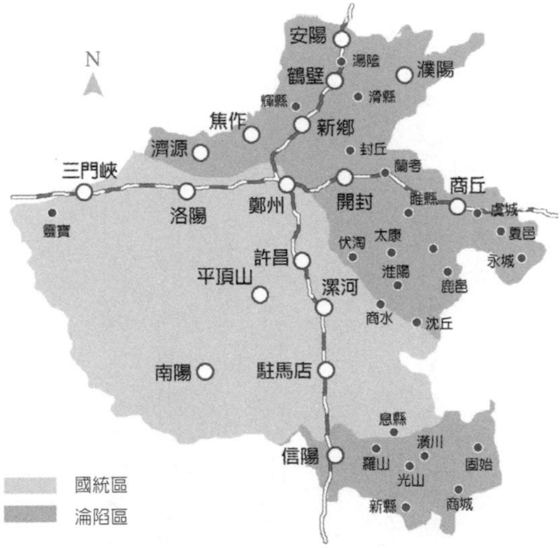

一九四二年河南形勢示意圖

國民政府在賑濟黃泛區難民

期間，河南出兵丁二百六十多萬，數字居全國之冠。徵糧數額僅次於「天府之國」四川，但四川當時是穩定大後方，風調雨順，而河南已是半省淪陷，水災兵災不斷。

異常沉重的兵役和賦稅，使得河南人民在正常年景，也得靠野菜雜糧勉強度日。

但從一九四二年春天起，河南農民們發現，天不下雨了。

第二章

天地不仁

第二章
天地不仁

第一節　吃光賣光

一路上，全是白花花的榆樹，皮已經沒有了。大的、小的榆樹，沒有一棵倖免，它們在大野中赤條條地立著，慘白的軀幹，使人一望悚然。據從光緒三年大災荒過來的老人講，吃草根樹皮的人，即使熬過這個年景，仍是要病死的。

瘋了的女人

一九四二年冬天，汜水縣村民李大才的女人瘋了。李蕤《豫災剪影・災村風景線》記載道：

她原本是村裏最賢慧的，勤快、儉省、和氣，可是現在，她經常在村頭瘋跑，頭髮披散著，兩眼鼓得像死魚的眼睛，嘴裏咕咕嚕嚕地唱著，忽然又把手裏的拐杖扔向半空，仰天傻笑起來。

村人說，她是這樣瘋的：她家裏原來還有幾斗糧食，但李大才因爲孩子多，地太少，心心念念總想置兩畝地。一九四二年整個夏天滴雨未下，麥收只有兩三成。往年麥收之後，往往是糧價最低之時，今年卻反其道，糧價大漲，地價大跌，上好的地，一畝只賣兩百塊錢。

李大才羨慕得日夜睡不著，他下了決心，把幾斗糧食一點不剩地賣了，買了二三畝地，但這邊交了錢，那邊已經掀不開鍋，守著幾畝空田，總不能把幾張嘴都吊起來啊。

於是他開始賣衣服、賣農具、賣耕牛，最後把買來的地又原封不動地賣出去，可是糧價已經漲了十幾倍，再也買不回原來賣出去的那麼多糧食，東西賣淨的時候，他的女人便生了病，等到他最小的孩子餓死之後，她便瘋了。

李大才不知道，在他孩子餓死、女人瘋了的時候，整個河南，都陷入一場巨大的糧荒。

豫中、豫西數十個縣，都滴雨未下，鄭州、廣武、滎陽、密縣、中牟、洛陽，乾

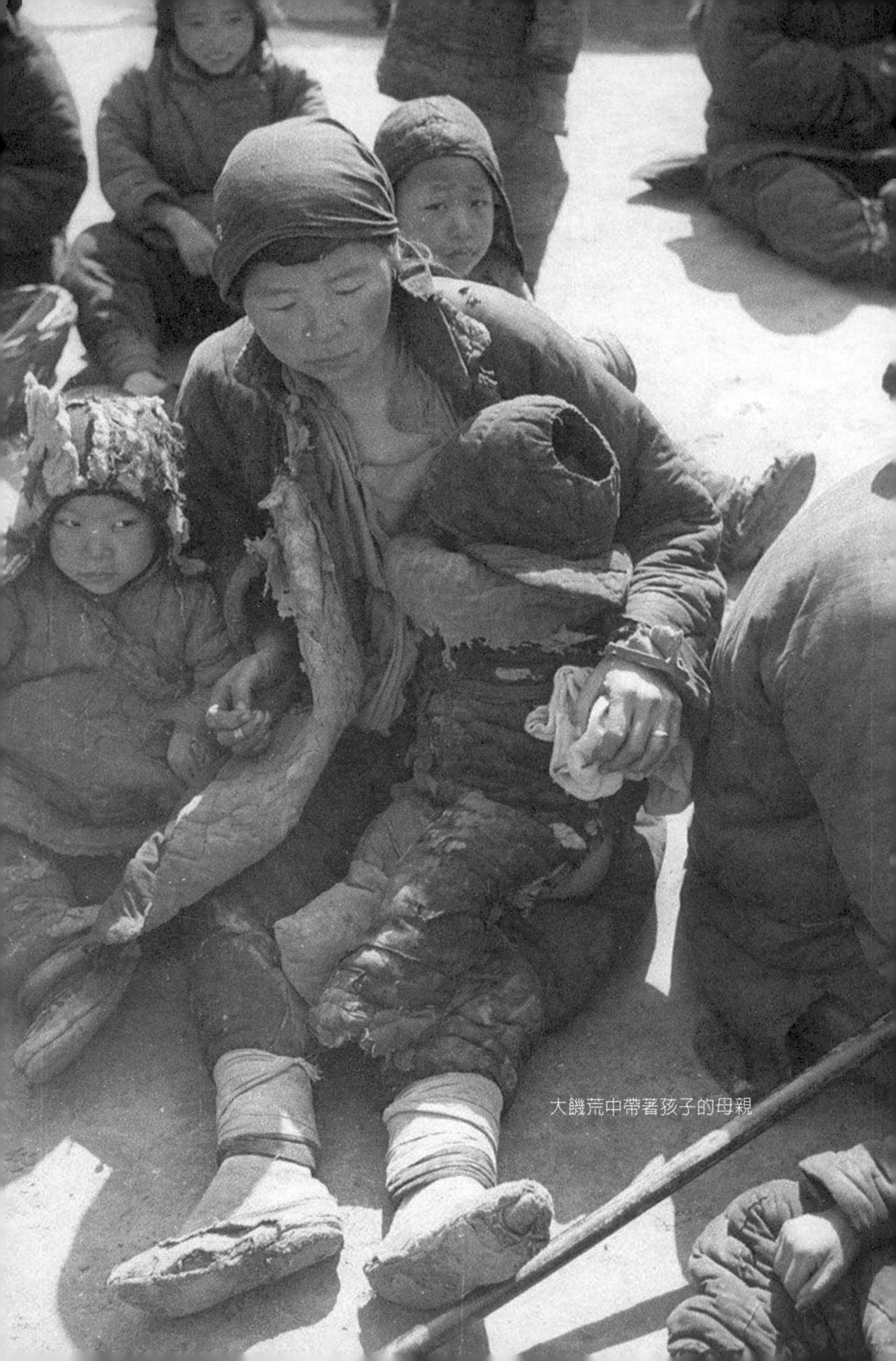

大饑荒中帶著孩子的母親

裂的土地澆上一瓢水都能滋滋冒煙。

經歷過光緒三年大旱的老人們，隱隱約約已經嗅出了幾分大災的氣息。

在一九四三年十二月的《河南省政府救災工作總報告》中，官方曾如此概述災情：「自春徂夏，旱魔為虐，雨澤愆期，麥苗受損巨甚，迨至收穫之期，復遭冰雹，以致二麥歉收，平均不及三成。」

榆樹皮都被吃光了

此時，樹葉、雜菜，這些平時給牲畜吃的東西，成了饑民們難得的美味。蒺藜、柿餅這種平時最難吃的東西，價格也開始飛漲。

以鄭州為例，這裏的糧食，大半需從山西、陝西一帶輾轉運輸而來。因為這裏離糧源最遠，腳力最大，所以糧食比任何地方都缺，價錢也比任何地方都貴。

（街上）隨處可見把鐵鏊子支到街邊烙榆皮餅的攤販，講究的還把餅裏包上棗泥餡子，這是上等的災民食品。另外，韭菜根、蒲草根、花生殼、棗核、甘蔗皮、柿蒂、紅薯秧……也都羅列著，這些東西，當然也是倍價才能得到的。紅薯秧每斤便要十元，所以這些東西仍是中間層災民的食品，只有兩隻瘦手的人仍然無緣問津。

長春路（按：今鄭州市二七路，該路在解放前由二七塔起向北至太康路叫長春路，由太康路至金水路，稱為小市場街，是鄭州較早形成的一條商業街。據《二七地方志》）上，每天麇集著許多從四鄉來的農民，他們攜著衣服、被褥、箱籠、鐮鋤犁耙，剛從爹娘孩子身上脫下的衣服，牆上拔下來的鐵釘，嘶啞地喊著：「賣哩賣哩！還價錢就賣！」他們希望著能賣掉這最後的「財富」，買些榆皮面草根之類回去延續一家人一天的生命。（李蕤《豫災剪影．「死角」的弦上》）

扒樹皮為食的饑民

沿路被災民剝光了皮的榆樹

而在洛陽附近的路上，全是白花花的榆樹，皮已經沒有了。大的、小的榆樹，沒有一棵倖免，它們在大野中赤條條地立著，慘白的軀幹，使人一望悚然，忘記春天已經到了人間。地方官員大約爲了防止災民「效尤」，把這些樹都用漆刷上了，但這也沒用。這些剝光皮的榆樹，儘管在盡力發芽長葉子，但一到夏天就會死去。吃榆樹皮的饑民，命運也一樣。據從光緒三年大災荒過來的老人講，吃草根樹皮的人，即使熬過這個年景，仍是要病死的。

吃大雁屎的年代

一九四二年大饑荒中，集貿市場畸形紅火，背後則是一個個血淚故事。人們無以爲食，饑不擇物，甚至連大雁屎，也成了香餑餑。

《鞏縣志》是這樣記錄鞏義災荒的：

民國三十一年，大旱，幾近絕收，加之日軍侵略釀成大災，農民多以樹皮、雁屎、觀音土充饑。據當時河南賑災會統計，鞏縣餓死一萬九千一百人。河南省政府救災總結報告：鞏縣逃荒八萬零五百零五人，餓死四千四百三十一人。

吃雁屎的記錄，在偃師市也有。

《偃師縣志》載：民國三十一年春夏，大旱，二麥歉收。七月，蝗災、風災，糧食收穫僅一至二成，人多以樹皮、草根、觀音土、雁屎充饑。災民十九萬，外逃及死者難以數計。這次災荒為六十年間所罕見。

大雁屎為何「吃香」

記者從各種書面資料中發現，雁屎在一九四二年的災荒年中居然很受歡迎。

偃師市邙嶺鄉東蔡莊位處邙嶺山上，常年缺水，條件惡劣。一九四二年的大旱，使得這裏雪上加霜。當地的韓雷松老人現年七十六歲，他的童年就是在饑餓中度過的。

他稱，民國三十一年大旱，全村幾乎一半人都逃荒了。他家七口人，卻沒有逃荒。「我們多少還有點地，也戀家，外面再好也不如自己村，就堅持了下來。」活下來的他，成年後做了一名老師。

那年景，他家只有一畝地，但長年租地主家七八畝地種糧食。

「平常年間，生活還能過得去，遇到民國三十一年百年不遇的大旱，算是沒法了，」他說，「我五六歲都去挖野菜，沒兩個月，野菜也沒了，就去刮榆樹皮，回來煮煮吃，樹都刮得光亮亮的。」

吃完了地上的吃天上。後來天上飛的、地上爬的都找不到了，就開始吃大雁糞。韓雷松說，大人告訴他，大雁糞能吃，大雁吃的是糧食，裏面有不少還沒有被消化的糧食籽。於是，不少人都撿大雁糞吃。

可有些人覺得咽不下去，怎麼辦？只得換成觀音土，結果很多人脹死了，還不如大雁屎。

鞏義人陳華策（鞏義市東站鎮人，解放前曾任鞏縣的公安局長，老人現已逝世，寫有《記民國時期三次大災荒》一文，發表於一九八九年彙編的《鞏縣文史資料》第五輯）認爲那年代吃大雁屎眞的很正常。不吃的結果是什麼？就是死。

他說，在古董集他親眼看到一個年約五十歲的鄉下人，拿一個烙鐵，早上放在迎賓旅社門前的地上賣。從他賣的這件東西來看，家裏東西是早賣光了。

這個人神志有點昏迷，一直放到下午四五點鐘，始終沒有人過問。時間不長，他口吐黃水倒地死了。周邊幾個好心人，打聽出他家的住址，湊了些錢，雇人到他家叫來他老婆，才將他抬走。

饑民以樹葉、樹皮、樹根為食。

指望不上的政府

一九四二年八月，河南省政府主席是李培基，第一戰區司令是蔣鼎文。在河南大多數農民賣光家裏僅存的一點東西時，李培基和蔣鼎文，也開始行動了。

他們的行動到底怎樣打著自己的「小九九」，李培基是否如實報災，蔣鼎文是否只爲保軍糧，並無詳細資料可以顯示。可以確定的是，在此次大災中，河南省政府主席李培基，遭到後來不少人的詬病。

曾任三民主義青年團許昌分團幹事長、後在臺灣從事糧食和礦業工作的楊卻俗，有兩篇回憶文字，轉刊在《河南文史資料》一九九三年第四期上。他曾訪問劉茂恩將軍，後者談及何應欽責問「河南方面未見地方政府報告，何來的災情」之事，認爲李培基壓根就沒報災。李培基曾對人說：「起初看到二麥麥苗秀豐，不會不下雨，誰知道皇天這王八蛋刮來一陣黃風，一夜之間把麥苗刮乾了。」而當時河南災情請願團代表楊一峰等人查到的李培基向重慶報告的文件，稱河南「收穫還好」。

時任河南省糧政局秘書、後來做到河南省糧政主管的于鎮洲，曾提過省政府隱瞞災情的事：「災區範圍，以黃泛區扶溝、許昌爲中心，周圍數十縣份，紛紛報災，省政當局以麥苗茁壯，誤認各縣係避免多出軍糧，故意謊報災情，公文往返，拖延勘查，不肯據實轉報中央。」

當時駐洛陽司令長官蔣鼎文雖將災情實況上報，因與省府所報不同，復蒙中央申斥，軍政雙方曾為此事引起極大不快。同時中央因全國各地物價大漲，制定限價政策通令各省施行，河南省政當局執行限價最力。當時糧食市價已上漲很厲害，但河南表報中央的數字，依舊按官方限價的數目填寫，中央根據表報糧價，認為河南災情並不嚴重。鄰近各省，因河南限價關係，商民集有餘糧，也不願運到河南銷售。

李培基為啥瞞報河南災情？其後有人猜測，可能是當時河南徵糧任務重，若是據實上報，勢必減少任務，他揣摩蔣介石的意思，也是為了自己官位前途，一味討好中央；另外一點就是，也許在李培基的意識裏，河南災情此時依舊是可控制的，並沒有那麼重，何況，秋糧就要收了。一九四二年十一月三十日《新華日報》曾報導李培基陳述災情時說到「原冀秋收豐稔，以補麥季之不足」。

毋庸置疑的是，災荒降臨時，不管是減徵，還是賑糧，災民們都指望不上了。災情沒報上去，河南的徵糧就不會減免。賦稅、租子，一層一層交上去，哪怕是麥收僅兩三成，依然要按照正常年景的數額繳納。老百姓們把僅有的糧食都交了出去，口糧一點沒剩。

茫然無助的災民

第二節 繁榮的「古董集」

災民們需要一場大雨，讓他們對秋糧能有指望。等待收秋還得兩三個月的時間。在這段時間內，他們必須做點什麼。

於是，他們開始變賣所有家產，包括賴以耕種的農具。事實上，更多的人早已行動起來，於是形成了壯觀的「古董集」。

民國記者筆下的集貿市場

人的生存潛力，在饑荒面前，會全部激發出來。

河南災區的人們，都在竭盡全力找吃的。爲了換取一點吃的，災民們傾家蕩產，寧可拿出自己的所有。

洛陽、鄭州一帶，各個縣都出現了「古董集」，人們在這裏聚集，拿出壓箱底的一切，企圖換點糧食填飽家裏幾張饑餓的嘴。

關於這場盛大的交易，南陽《前鋒報》記者李蕤曾經寫了篇通訊，記錄自己在汜

災荒中凋敝的街道、商舖

水「古董集」上的見聞。這篇通訊後來收入《豫災剪影》，刊登在《河南文史資料》第十三輯上。

李蕤後來曾任河南省文聯副主席，一生著述很多，卻沒有把這一系列的通訊收入文集，或許他不認爲這些普通的報導文字有什麼特別的價值。但正是這些白描實錄，多年後看起來，依舊字字驚心。

這裏節選幾段，從中可見災民的生活：

> 空場上，麥田裏，垃圾堆旁，隨處都是交易所，如果約略計算，數目至少也有幾千家。加上遊人和買主，人數可以萬計。汜水一共才十幾萬人口，這裏便集中了這麼大一個數目。每天，從太陽露頭到太陽下山，這裏的喧聲一直如同海潮，把大街上的正規

商店也壓得無光無色。

在古董集上，我產生一個奇怪的想法。我想，如果把整個大地像箱子一樣提起來，然後口向下翻個個兒，恐怕也只能倒出和現在這個古董集一樣多、一樣全的東西。

從服飾上說，有大清皇帝賞的紅纓帽，上面還插著翎毛，災荒中凋敝的街道、商鋪也有燙得整整齊齊的西裝，有金線繡成的「鳳冠霞帔」，也有薄得透肉的旗袍，有幾尺寬袖子的，也有一寸長袖子的……總之，以季節論，有單有夾有棉；以時代論，有幾百年前的，也有剛從身上脫下的，式樣、新舊，更百無一同。不過最多的是女人的衣服，尤其多的是早已過時的婦女的嫁妝衣，有些還鑲著三寸寬的辮子，有些還綴著每顆足有半兩重的銅鈕扣……

這些東西，在平常，都是終年壓箱子底的，每一年只是拿出來曬一曬便又裝進去的，現在卻都拖了出來。

貨物賣出的價錢，低廉得實在令人吃驚，一個五尺長的男人夏布大衫，賣一百五十元，這是當地半市斗米的價錢；一個又寬又大的女人洋布衫，賣五十塊錢，是當地一市升多米的價錢，不夠一個人一天的飽飯。

那些賣主們，十個有九個是家裏鍋中沒有米下，有許多都是從清晨到中午還沒有吃一點東西。面前放著花花綠綠的嫁時衣服，而身邊卻放著草和榆皮面饃，肚子餓得咕嚕嚕響。熙來攘往的人，多是把貨物翻上翻下，然後放下走開了，因為此時此刻，除了遊人和販子之外，再沒有一個為「用」而買的人，遊人只是白相，而販子們則恨不能用一個錢把所有的東西買去。

有些最小的賣主，臉前擺著幾個生銹的釘、幾個破碗、一雙破鞋、一根牛繩……很顯然，這是破產的農民在把土地、耕牛、農具、雜物統統賣光之後僅餘的一點「財產」。這些東西即令依照他們的索價一文不還價，頂多也換不了一升小米。但越是這樣的貨物，越是誰也不肯購買，不僅沒人買，甚至連正眼看看的人也沒有。然而他們卻規規矩矩地為這一點東西在集上坐幾天。

我見到一對老夫婦，老頭已經鬚眉皆白，老婆兒也老得只剩幾根頭髮，他們在集市的末端坐著，臉前擺著床滿是油膩的被子，一個磨得明光的彈花錘，和一根光亮的鋤柄，此外什麼也沒有了。

他們好像不懂事的小孩一樣，只是哭著哭著，連買主也不知道照顧一下。有人問被子賣多少錢，老婆兒一邊哭著一邊說「一百塊」，問彈花錘多少錢，她也說「一百塊」，問鋤柄的價，也說「一百塊」，應酬似地回答完，便又正正經經地哭起來。四圍的人，都報以慘笑。

很顯然，這一對老夫婦一點也沒有市場上的常識，他們只知道一百塊錢才能買到夠一天吃的米，只知道對那些被他們磨得光滑如脂的彈花錘和鋤柄像親兒子一樣地捨不得。但是誰都是連價也不還便掉頭而去，因為他們這些東西總共也不值五十塊錢，而需要這些東西的人們，此刻都正在賣這些東西。（李蕤《豫災剪影．驚人的古董集》）

洛陽的老東北體育場

有人在集市中獲得口糧，有人在集市中死亡。在洛陽，那樣的集市同樣存在。洛陽，是當時災民的中轉站，西去西安，必經洛陽。

在洛陽老城區，一個叫東北體育場的地方名聲響亮。抗戰年代，洛陽常有軍隊在這裏檢閱，爲此，裏面當年還有一個檢閱臺，可惜早就拆除了。

一九四二年的大饑荒，集中在洛陽的很多饑民來到這個地方，要吃要喝。這裏是當時洛陽的救災中心之一，也是「古董集」，饑民們變賣僅剩的物品交換些吃的的地方。

八十一歲的韓寶全老人住在東北體育場隔壁家屬院。他回憶，災荒年，很多災民來到洛陽求生，街上到處是饑民。因為糧食嚴重不足，路上很多人搶饃吃，「搶到手後，就往饃上吐一口痰，追上的人看到這種情況，沒法再要回，頂多打一頓，沒有辦法」。

李蕤夫人、已百歲高齡的宋映雪老人告訴記者，當時，他們一家人住在離洛陽幾十里的平樂村，她在村學校教書。

她說，當時每天一開大門，便能看到災民在門口倒斃的慘狀，每天一睜眼，聽到的便是啼饑號寒的哭聲，到街上走走，到處是要飯的，慘得很。

洛陽城的一些大戶還算有良知，出錢出糧，在東北體育場支起攤位施粥，饑民們聞訊而來，隊伍排了好長，「即便錢糧有限，還是救了不少人」。

地方志記錄死人眾多

不僅僅「古董集」上餓死的人越來越多，全省各地的人，也一天比一天死得多。

汜水，古稱「雄鎮」，今屬河南省滎陽市。

這裏東接七朝古都開封，西連九朝古都洛陽，南有嵩岳名剎少林寺，北依華夏之源黃河，中有汜河水蜿蜒流淌。

《前鋒報》記者李蕤對一九四二年災荒的報導，汜水是頗爲詳細的一環。他回到汜水，發現李大才家的瘋女人餓死了：

她死了之後，李大才誰也沒告訴，也沒請四鄰八家幫忙，一個人悄悄地背了鐵鍬，在夜裏，瞞著別人獨自替老婆掘墓。挖了好幾天，才挖出一個淺淺的墓穴。然後，他又悄悄一個人把老婆的屍體背到墓地裏掩埋，等待別人知道的時候，他一個人已經料理完這件喪事。（李蕤《豫災剪影・災村風景線》）

多難的河南農村，依然留存著千年不變的淳樸民風。家裏有人去世，要通知親友助葬，居喪之家略備些紅薯和菜湯聊代盛宴。楊卻俗回憶：「在如此的大災況下，除了販運食糧的道上偶然有人被劫殺外，還沒有聽說過有竊盜的事情，也就是餓死也不做賊的還多的是。」

有人責怪他不該瞞著鄉鄰，這個白髮蒼蒼形容憔悴的人老淚縱橫地說：

「……讓大家出力，我總得弄到二八升老米讓大家吃啊，可我，哪有這份力量呢？孩子他娘為這晾屍幾天，我對不起她啊……」沒說完，便號啕大哭起來。

（李蕤《豫災剪影・災村風景線》）

溫故一九四二，記者直奔汜水鎮。

對過往歷史的記錄，地方志擔負大任。記者在《滎陽市志》上查到了一九四二年災害的相關文字記錄。

《滎陽市志》大事記一欄中稱：「民國三十一年，夏秋特大旱，麥歉收，秋絕收，人食草根、樹皮、樹葉，死者遍野，逃亡者過半。」

而在《滎陽市志》災害欄目中，對此記錄相對詳細：「民國三十一年，是年，滎、汜、廣（滎陽、汜水、廣武）連遭大旱兩載，良田畝價斗糧，餓殍載道，民眾西逃。」

災荒橫行，死亡便不再是黑色幽靈，而成了家常便飯。《滎陽市志》記錄了冰冷的死亡數字：「大災中期統計，滎、汜、廣三十萬人，餓死六萬零五百二十八人（其中滎陽縣三萬零三百四十七人，汜水縣一萬四千三百零六人，廣武縣一萬五千八百七十五人），後期數目更巨。」

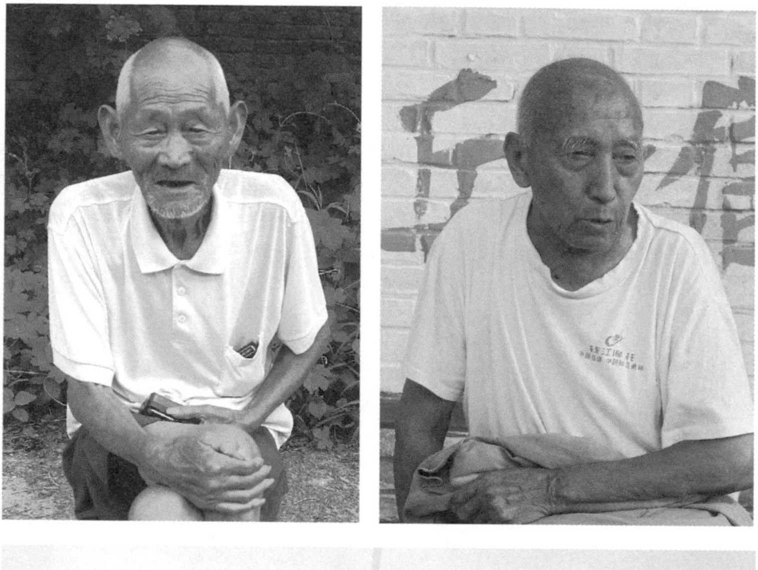

一九四二年大饑荒親歷者：上左為陳玉芳，八十六歲；上右為王富臣，八十五歲；下為韓雷松，七十六歲。

荒災在全省蔓延

對於一九四二年災荒，原滎陽政協民法委主任王子官回憶錄中有記載。一九四二年，他七歲，已經記事了。

二〇一二年八月二日上午，記者驅車來到滎陽汜水虎牢關村。這裏是王子官的老家，「三英戰呂布」的故事就發生在這裏。

據滎陽史料記載，虎牢關，因傳聞周穆王曾將進獻的猛虎圈養於此而得名。村民說，虎牢關如今已被一大片莊稼地取代，「喏，那一片玉米地就是三英戰呂布的地方」。

田地旁，我們遇到一位村委委員張春安。他告訴我們，虎牢關的舊址只剩下一塊石碑，上面刻著楷書「虎牢關」三字。石碑刻於雍正九年（西元一七三一年），高約二米，寬約零點七米，上部已經斷裂。張春安說，這是明清虎牢關僅存的舊跡。戰爭年代，這裏烽火四起；災荒年代，這裏亦是饑民遍地。

遺憾的是，王子官老人身體不舒服，沒法接待外人。

一九四二年開始的災荒不僅僅局限於洛陽、鄭州一帶，而是遍及河南全省。

汝南縣位居河南省東南部，《汝南文史資料選編》第二卷記載，早在一九四一年春，這裏已呈現大旱，小麥每畝僅收四十斤左右；到夏秋，旱情持續，秋季歉收。秋末又下寒霜，霜打蕎麥，顆粒無收。延續到一九四二年，春荒更嚴重。許昌、郾城等縣糧食告絕，大批饑民南下逃荒。由於連年受災，災民陡增，導致汝南糧食極爲緊缺。

南陽處於河南西南部，人口數量龐大。《南陽市志》記載：民國三十一年，新野、方城、南召諸縣入夏大旱，秋禾枯萎絕收，國民政府審計部撥救濟款一萬零六十七元；民國三十二年，桐柏縣遭風災，麥多吹倒，收成銳減。入夏大旱，秋禾旱枯。

日偽區的老人追憶

一九四二年，豫北豫東的部分地區已經淪陷。那些地區是戰爭的災區，也是自然災害肆虐之地。因爲是淪陷區，關於他們的資料戰後幾乎盡數遺失或被銷毀，死亡人數、災情更是無從統計。那邊災情如何？災民又將如何生存？

記者趕到淪陷區之一的延津縣。這裏是劉震雲的老家。他的小說《溫故一九四二》素材有很多來自這裏。

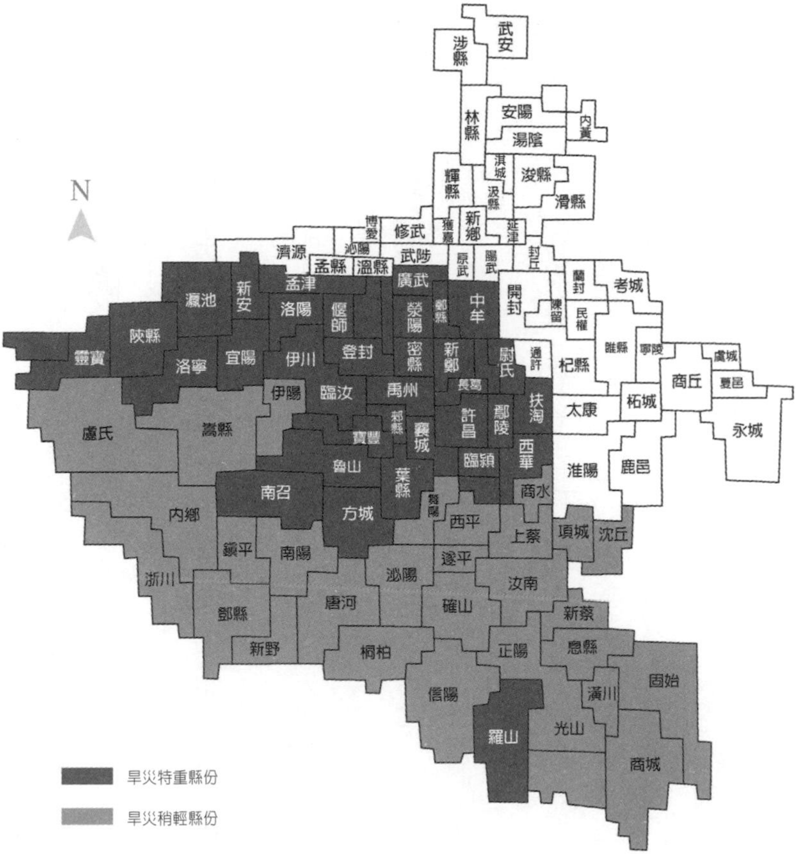

河南省一九四二年國統區各縣旱災災情圖

延津位於黃河之北，亦是重災區，可當地對災害的記錄，除去《延津縣志》上寥寥數語外，再無其他記載。《延津縣志》上說：一九四二年，旱災，減收十分之六。

記者在延津縣政協文史委，遍翻資料，沒有新發現，也見不到災荒親歷者的回憶文章。一位工作人員感到歉疚，說：「不好意思，你們跑了這麼遠。」

我們沒有抱怨的意思。對於那場中國現代史上的大災害，和延津縣記載情況類似的地方太多了。

這就是歷史記述的方式，也是歷史在政權更迭大變局中的命運。

在那場大災害七年後，嶄新的中華人民共和國成立了，國民黨政權逃亡臺灣，加上當年這裏屬於淪陷區，日僞統治，資料斷檔在情理之中。

問及劉震雲，延津縣政協學習文史委崔姓主任告訴我們，劉震雲的老家就在延津縣魏邱鄉李恩村。

在李恩村，說起劉震雲的名字，村裏的王大爺衝我們嘿嘿一笑：

「他早就不在這住了，不過家裏的老宅子還在。」

這是一所老院子，院裏的三間平房有些年歲了，上世紀七〇年代後，院子經過幾次修整。院子有兩棵顯眼的樹，一棵是棗樹，另一棵還是棗樹，和小盆子一般粗。

據劉震雲的侄子說，劉震雲八月初曾經回到姥姥的宅子裏爲電影《溫故

逃荒中的大人和小孩

一九四二》拍攝片段，「估計今年冬天還得回來拍」。

在村子上，我們碰到一位八十五歲高齡的老人王富臣。在劉震雲老家，民國三十一年的大旱，他依稀記得。

王富臣是個獨子，這在當時的農村很少見。不幸的是，他的父母在他四歲時都死了。他是跟著爺爺奶奶長大的。

一九四三年春節，他和爺爺奶奶在家喝了一碗稀湯，喝過湯後到門外和叔叔會合，全家人就上路了；一路要飯，要到了山西。

路上，家人聽說去洛陽坐火車的話，沿途會遭到日本人炮擊，已經死了不少人，於是，全家人決定不坐火車，改沿太行山一路步行最後硬是走到了山西。

「我們在那裏呆了幾年，一直到日本投降才回來。」王富臣說，他只記得逃荒前村裏啥吃的都沒有了，人餓死不少，不想死的，都逃荒了。

王富臣一家是逃得比較早的，與他們相比，很多人都沒有意識到這場災害的嚴重性。他們還在苦苦堅持。

第三節　一個村子的死亡

民國三十一年秋，豫中、豫南已半年多未見一場雨，眼看到秋收季節，河南一百一十一個縣的老百姓，眼巴巴望著天，依然絲毫不見落雨的意思。

官方此後的說法，把當時的情況提煉成八個字：「赤地千里，餓殍遍野。」乾旱讓土地龜裂，遍地是一條條的大口子。沒人相信，這裏還能長出莊稼。

饑民無以為炊，只好挖野菜、摘樹葉、剝樹皮、撈河草。

村民，在整村地死亡。

雞掉進糞坑，撈出來洗洗吃了兩天

一九四二年九月，上蔡縣政府發了份公函，大意是因爲旱情嚴重，號召全縣人民停止娛樂，素食三日，以求天佑。

此時距離國民政府一九三六年推行的「新生活運動」已經六年，按說不該有這種地方政府組織的迷信活動，但此時此刻誰也顧不得了。

以許昌爲例，《許昌市志》記載，一九四二年，春，大旱，麥苗枯萎。夏，麥子僅收二成。秋，飛蝗至，遮天蔽日，聲如颳風，秋苗食殆盡。是年，出現了歷史上罕見的大饑荒，扒房賣地者比比皆是。

饑民無以爲炊，只好挖野菜、摘樹葉、剝樹皮、撈河草、撿雁屎充饑。

許昌壽長里有一位八十三歲老人，名叫劉玉蘭。當年九月，她家有一隻雞，全家人餓了好幾天都不捨得殺了開葷，說是最困難時再吃。

大街上到處都是要飯的，趁人不注意搶走路人手中食物的不在少數。爲了不讓別人知道自家還有一隻雞，劉玉蘭的母親把雞鎖在屋裏，用布裹住雞嘴，再捆上繩，防止雞叫。

即便如此也沒能擋住鄰居的窺探，鄰居幾次想騙開這家人，但都被劉玉蘭的家人識破，未能成功。

到了十一月，天逐漸冷起來。許昌大街上每天都有上百人餓死，不少是逃荒過路的人。一天早上，劉玉蘭母親決定把雞拎出來殺了吃。

終於見到這隻被劉家當寶貝藏起來的雞，鄰居們嚇了一跳，說：「這還是雞嗎？瘦得只剩下皮和骨頭了。」

劉玉蘭的母親把雞拎到溝邊洗，卻不小心將雞掉進了糞坑。即便這樣，她還是撈出來洗了洗，架鍋煮來吃了。

一隻骨瘦如柴的雞，此刻成了上等美味，這家人吃了兩天，救活了兩個奄奄一息的孩子。

一個村子多家死絕戶

城裏尚如此，離了地就沒法活的農村情況怎樣？

《許昌市志》記載，大批群衆逃亡他鄉，農村十室九空，一些村莊甚至出現連著幾家絕戶的情況。

二〇一二年八月六日上午，許昌市東北角五女店鄉廟店村，八十六歲的陳玉芳坐在村頭聽收音機，記者的探尋勾起了老人對七十年前那場大災荒的回憶。

民國三十一年，陳玉芳十六歲。提起當年，他歎道：「村裏一百多戶，就那一年，絕戶的不下六家。」

陳玉芳兄妹四個，他是老大，在當時，十六歲的他已經負擔起爲弟弟妹妹找飯吃的重任。

當時有人專門到村裏買人，妹妹就是這樣賣出去的，走時十一歲，換來一二十個紅薯，這些紅薯救了兩個弟弟的命。

解放後，妹妹專門回到村裏找家人，一九五幾年的時候他們才聯繫上。「這算是幸福的了。」

據當時老人們說，什麼樣的人不容易餓死？

答案只有一個：平時吃得少的人。這些人平時吃得就不多，饑荒時，有一點東西就能救命。而平時飯量大的人倒是經不住饑，多半被餓死。當時村裏三十個人裏就有十個人被餓死。

除了餓死，還有人是被撐死的。

災民逃荒後空寂的村莊

第二年收麥時，終於有點麥子可以收了，成群的人鑽進麥地，地主、保長攔都攔不住。他們用手摟著麥穗，往嘴裏塞。可是，已經餓了一年，肚皮薄得跟紙似的，擱不住吃這麼一頓飽，很多人都撐死了。

郎頭是陳玉芳的鄰居，到一九四二年冬，這家人落了個妻離子散。一家五口人，最小的妹妹被賣，其餘四口人全部餓死。過了那年冬天，村裏再也沒郎頭這戶人家了。

不止是郎頭家，王水旺家全家四口人也都沒能挺過那年冬天。

陳前家稍好點，五口人，只有一個孩子跟著別人逃荒活過來了，其他人也都餓死了。

陳玉芳回憶，那年冬天，廟店村絕戶的不下六家，「真叫一個悲慘」。

村子被黃水沖毀一半

距離許昌不遠的扶溝縣，先前遭遇黃河水災，又遭旱災，再遭蝗災，災民生活更悲慘。

在扶溝縣志辦，五十二歲的張孟庚作爲建國後扶溝縣志總編輯室人員之一，參與了扶溝縣志的編輯整理。

提起一九四二年河南遭遇的那場大災荒，張孟庚眼睛一亮，「你們眞是找對人了」。

張孟庚說，他家就在黃泛區的中心。一九三八年，黃河花園口決堤，給黃泛區人民帶來深重災難，扶溝是重災區。黃水在扶溝縣城東南的姜莊村沖出一道七百多米寬的新河道，半個村莊被沖毀。

二〇一二年八月七日下午一時，記者在扶溝縣汴崗鎮坡謝村村民謝國禮的引領下，來到了當年舊河道的河堤處。老人謝福田正坐在一條水溝邊吃餃子。謝福田今年七十七歲，一九四二年六歲多的他已經記事。

老人用筷子指著背後的一片水溝說：「那一大片都是當年的黃河河道。」

如今，河道已不再，留下一條籃球場般寬的水溝，水溝邊堆滿了生活垃圾。再往東去是一大片田地，當年也是黃河河道。

坐在謝福田一旁的老人謝文志說，他和謝福田是鄰居，一九三八年黃水來時逃荒到了陝西，到一九四二年才回來。

他們還記得，回到家後發現黃水沖開的新河道在他們村東頭形成了一個碼頭。那個時候，碼頭就成了河對岸三方交易物品的地方。

「河東日本人佔領著，河西是國統區，附近還有共產黨的人。」謝福田說。平時，老百姓也乘船去交易一些生活必需品。到了晚上，一些國民黨的軍官竟然跟河東岸的日本人交易，雖然不知道交易的是什麼，但村民覺得，或許是個好兆頭，因爲這樣至少日本人不朝河對岸開炮。

當壯丁，也是活受罪

一方面是沒有東西可吃，一方面還要被保長催糧，在當時，擺在農民面前有兩條路：要麼當壯丁，要麼逃荒。

大多數時候，每家每戶都要被派壯丁。有些年輕人被派去當壯丁，天眞地以爲比

坡謝村當年黃河舊河道

在家餓死強，當了兵就有吃的了。

事實上，壯丁並不好當，在軍隊中逃跑的、餓死的不在少數。

鞏縣村民李富生，兄弟四個，他排行老大。一九四二年，他剛滿十八歲，壯丁就派到了他家。因爲家貧如洗，買不起壯丁，就被保長抓去。

當時的壯丁，都是被繩捆綁著強行抓去的，害怕跑掉，綁得很緊。保長送到鄉公所，算是交了差，到鄉公所跑掉，保長不負責任。鄉公所收下後，看管很嚴，仍捆著送到師管區。師管區收下再跑了，鄉公所也不負責任。因此，一級一級都管得很嚴。到師管區，分到壯丁房，壯丁就等待著部隊來接新兵了。如果到哪一級壯丁跑了，就在路上抓一個塡充進去。

當壯丁，在鄉公所還好過點，到壯丁房是最受罪不過的。一天兩頓稀湯，兩個杠子饃。上邊說起來一天一人發一斤多糧食，可是吃到壯丁嘴裏的只有幾兩，都讓當官的克扣了。

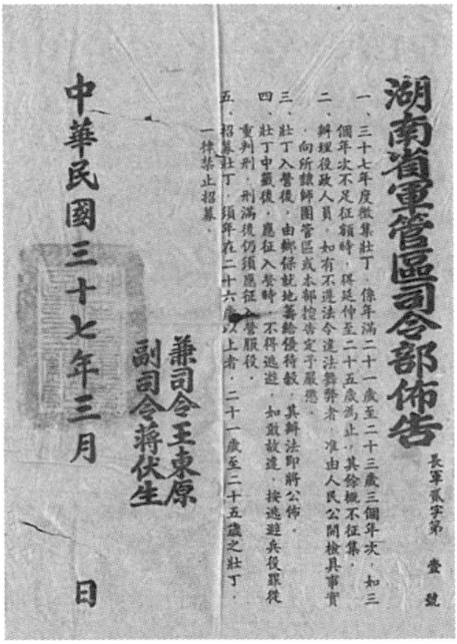

湖南省軍管區司令部佈告

長軍貳字第　壹　號

一、三十七年度徵集壯丁，係年滿二十一歲至二十三歲三個年次。如三個年次不足征額時，得延伸至二十五歲爲止，其餘概不征集。

二、辦理役政人員，如有不遵法令違法舞弊者，准由人民公開檢具事實，向所隸師團管區或本部控告定予嚴懲。

三、壯丁入營後，由鄉保就地籌給優待穀，其辦法即將公佈。

四、壯丁中籤後，應征入營時，不得逃避，如敢故違，按逃避兵役罪從重判刑，刑滿後仍須應征入營服役。

五、招募壯丁，須年在二十六歲以上者，二十一歲至二十五歲之壯丁一律禁止招募。

兼司令王東原

副司令蔣伏生

中華民國三十七年三月　日

湖南省軍管區司令部徵集壯丁佈告

壯丁拉屎尿尿都得請示報告，走走動動，後面槍跟著。睡麥秸窩，跳蚤、蚊子多，咬了一身疙瘩，渾身抓得稀巴爛。有的還生瘡，渾身膿皰，臭氣熏死人。壯丁房簡直是閻王殿，都巴望著接兵的趕快來，就是打仗打死，也比在壯丁房活受罪強。

當時，李富生被分到十四軍一個運輸連當兵，連長叫劉心一，是山西人，排長叫范玉龍，是江蘇人，大家都叫他南蠻子。當官的一個比一個狠，對當兵的態度非常壞，說話瞪眼，動不動就是拳打腳踢，官對兵跟仇人一樣，新兵時刻想著逃跑。

每天都有新兵逃跑。新兵牛丙和付全法兩人晚上小聲商量逃跑的事，不慎被班長李應在外面聽到。班長立即報告了連長。第二天，全連在操場上集合，連長像馴狗一樣訓話。

「聽說你們開小差，跑吧。」連長扭頭喊班長，「你把他們的耳朵各割掉一隻。」

班長走到兩人眼前，用剃頭的刀子「嚓嚓」兩聲，一人被割掉一隻耳朵，血像麥秸稈一樣幾股往外竄，半個身子都是紅的。

連長告訴大家，誰再開小差，眼前這倆人就是榜樣。

逃荒的一家人

災民守在死去的親人身邊

最後一次救災機會錯過

一九四二年十月，河南災民餓死的越來越多。

據後來統計的數字，河南每天餓死人數超過四千人，如此算來死亡人數已有數百萬，而河南省政府主席李培基報上去的數字，是一千六百零二人。

所幸，任何時候，都不乏爲民請命的人，心存感激的老百姓，便以千百年來的最高榮譽稱呼他們——「青天」。當時，國民政府參政員郭仲隗，河南人就喊他「郭青天」。

十月三十日，重慶第三屆一次國民參政會上，郭仲隗當著國民政府高層們的面，痛哭流涕，爲河南災民請命。

郭仲隗，河南新鄉人。目睹河南災情嚴重，看上面屢屢不報災，他覺得，這次的參政會是個重要機會。大會上，郭仲隗拿出河南災民吃的觀音土、樹皮草根、雁糞等十幾種食物，呼籲中央政府對河南減免徵糧。

事實上，在十月上旬，河南省賑濟會就曾推選楊一峰等代表赴重慶，籲請免除災區徵實配額，蔣介石不但拒見他們，而且禁止他們在重慶公開活動。

十月二十日，國民政府派張繼、張厲生等到河南視察災情，他們經過實地考察，承認河南的災情確實嚴重。

但據時任河南省建設廳廳長的張仲魯回憶，兩人到河南後，曾在洛陽開了個小會，宣示「中央德意」。大意是河南固然有災，但軍糧既不能免，亦不能減，必須完成任務。有災亦應救，但不能爲救災而減免軍糧，救災、軍糧是兩件事，不能混爲一談；同時，亦不應對災荒誇大其詞，過分宣傳，以免影響抗戰士氣，而亂國際視聽。二張告誡河南官場：諸君受黨和領袖撫育栽培提拔才有今日。

郭仲隗在參政會上的陳情讓很多人動容，但蔣介石依然「不相信河南有災」。後來，郭仲隗多次提到，政府此時若能出面救災，河南絕不會餓死那麼多人。對於河南災情，蔣介石到底是眞不相信還是裝不相信，爲啥「不相信」，後來人自有判斷，只是，這次的無動於衷，讓河南錯失了最佳的救災時機。

第三章

浩劫

第三章
浩劫

第一節　蝗蟲來了

災民們把能吃的都吃光了，把能賣的都賣光了，沒有等來雨，卻等來了鋪天蓋地的蝗蟲。

飛蝗將要到來時，遠看像陣大灰風，傾耳一聽呼呼地響，一到頭頂，遮天蔽日，落在樹上黑鴉鴉的，胳膊粗的樹枝壓得上下忽閃，落在莊稼地裏就是「沙沙沙沙」的咀嚼聲；不大一會兒，玉米、穀子、高粱就會變成條條光杆。

農民們揮舞著掃帚，跟蝗蟲展開了大戰。眼看蝗蟲多得沒完沒了，他們害怕了，認為這是上天降下的罪責。十里八鄉的村民敲鑼打鼓跪拜「螞蚱爺」，祈求牠們嘴下能留得最後救命的口糧。

「濃雲」蓋住了日頭，螞蚱鋪天蓋地而來

眼看到秋收季節，河南一百一十一個縣的老百姓，眼巴巴望著天，依然絲毫不見落雨的意思。

上蔡多難，先前遭黃河水災，此次復遭旱災。上蔡縣眾多災民為了祈雨虔誠地磕了幾天頭，但顯然沒能感動上天。

一九四二年秋，他們一滴雨沒等到，倒是等來了遮天蔽日的蝗蟲。

提起蝗蟲，農民們歷來又恨又怕：當飛蝗將要到來時，遠看像陣大灰風，傾耳一聽呼呼地響，一到頭頂，遮天蔽日，落在樹上是黑鴉鴉的，胳膊粗的樹枝壓得上下忽閃，好像就要壓斷似的，一眨眼落在牆上，就是一片黑乎乎的，落在莊稼地裏就是「沙沙沙沙」一陣陣緊張的咀嚼聲，不大一會兒，玉米、穀子、高粱就會變成條條光杆，這塊莊稼吃光了，馬上展翅高飛又轉往他處。

二〇一二年八月七日下午，記者來到駐馬店上蔡縣。在這裏，上了年歲的老人提起蝗蟲便咬牙切齒。

不少地方，蝗災在一九四二、一九四三年持續了兩年。上蔡賈敬武老人（上蔡一

中教師，現已過世）在《蝗災見聞》中講述了當年民衆深受蝗災的慘狀。

民國三十二年（一九四三年）農曆六月底的一天下午五時左右，賈敬武因腿部生瘡，正在村東頭樹林下躺著，只聽從東向西的行人驚慌地高叫：「看，西邊天上的濃雲把日頭都蓋住了！」

霎時，分散的人集中了，七嘴八舌地爭相猜測，有的說是大風，有的說是大雨。遠方的行人，倉皇失色地趕路。在河邊勞動的人，也拼命往家跑。這種令人望而生畏的罕見景象，似乎昭示著將有一場不可預料的災難降臨人間。

大約不到十分鐘，灰色濃雲愈滾愈近。村內黯然無光。空中傳來了「歘——歘——」的駭人聲。接著全身土黃色的螞蚱，劈劈啪啪，鋪天蓋地而來。

村民求天，供奉「螞蚱爺」神位

賈敬武看到，在外乘涼的一老太太，見此情景立即跪下，兩手合攏面向蒼天，嘴裏不停地念叨著：「天啊，要保佑，要保佑！」周圍的十多人都被她的祈禱驚呆了。

村裏一位同族老人好像明白了什麼，立刻下命令：「咳，不要愣住了，趕快下地保莊稼！」

祈求老天保佑的場景在當時的蝗災災區時有出現。被派往登封的河南大學農學院學生崔炎壽記載了當地求天的情景。

眼看著留以救命的口糧被蝗蟲搶奪殆盡，農民們開始懷疑，這是上天降下的罪責。他們誠惶誠恐地管蝗蟲叫「螞蚱爺」，求牠們給自己留點吃的。

當時路上時常有這樣的場景：兩個人，抬著一頂用竹竿或木板條做成的小轎，轎內放一神龕，上寫「供奉螞蚱老爺之神位」。前面兩人鳴鑼開道，四人各抬一杆龍旗，緊跟著又有四人舉著四個大燈籠，後面是兩三個吹鼓手。進得村莊，只要稍一停站，就有一大片人跪在地上燒香禱告。

「螞蚱爺」倒是眞留了點吃的：綠豆。蝗蟲不吃綠豆。

床、鍋爐均被「螞蚱爺」佔領

祈求老天爺保佑的村民不在少數，可是眼看著「螞蚱爺」把地裏的莊稼吃個精光，多數人還是要放手一搏的。

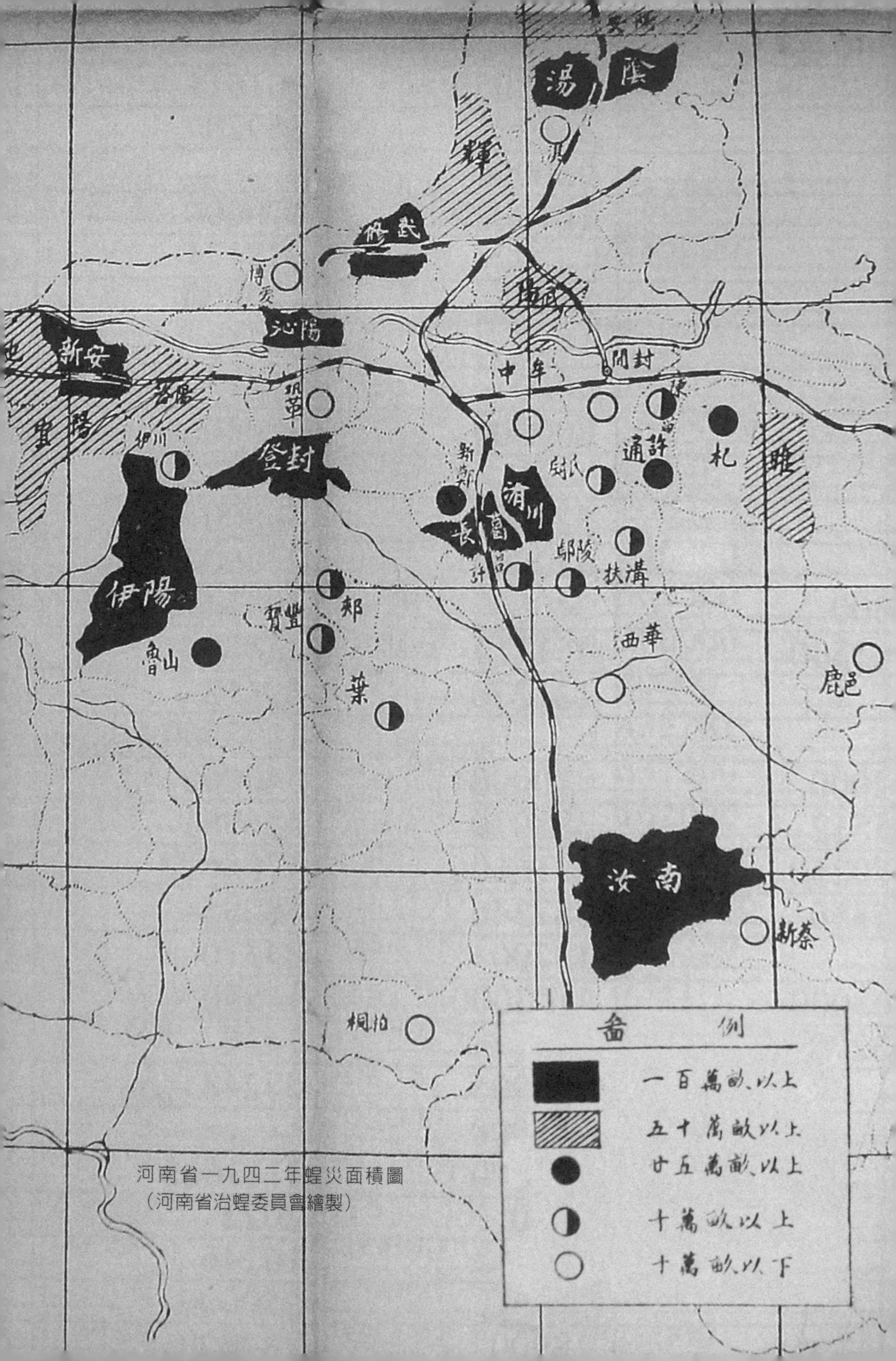

河南省一九四二年蝗災面積圖
（河南省治蝗委員會繪製）

賈敬武家這年種的穀子和高粱，占全秋播的三分之二。母親平時雖是信神派，可面臨現實，在大家的號召下，她也跟著去打了。

賈敬武說，母親和兩個弟弟用竹竿跑著打，他拐著腿手持長杆晃來晃去；竹竿所到之處，蝗蟲時起時落，空中地上，上下交織，整個穀地被蝗蟲籠罩著。也不知蝗蟲是太餓了，還是膽子格外大，不顧撲打，一個勁地叫，邊吃邊拉屎，只聽穀地裏轟隆轟隆地嚼食聲，嘩啦嘩啦地落屎聲。他們無計可施，揪心地看著綠油油的穀苗上爬滿了螞蚱。

大約不到十分鐘，他們母子四人奮力保護的一畝半穀地被蝗蟲啃成了光杆。母親蹲在地上號啕大哭，賈敬武也失去了勸阻的勇氣。在地頭燒香求神保佑的鄰居賈老二家兩口，已軟綿綿地趴在地上，只能發出微弱的呻吟聲。

太陽墜下西山，歸家的人群個個失魂落魄地拖著沉重的腳步，面面相覷，彷彿末日來臨。

而此時的家，早已被「螞蚱爺」佔領了。勞累半天的人，晚飯也做不成，揭開鍋蓋，螞蚱赴湯蹈火，置身鍋爐之中。你想休息，螞蚱佈滿了床，角落都被牠們佔領。

「螞蚱爺」不但啃壞家庭用具，供奉的財神、家堂、灶爺畫軸也被啃得窟窟窿

啃樹皮的饑民

窿，木製的祖匣裏也鑽得滿滿的，鬧得人心惶惶，不知所措。

飛蝗後又現蝗蝻，光穀杆也不放過

飛蝗之災未平，蝗蝻之禍又起。不過四五天的光景，飛蝗不知去向，逐漸稀少。這時，賈敬武所在的村子東北地裏蝗蝻驟然增多，流水似的朝西南方向翻滾，多得好像地球容納不下，結成灰而黃的疙瘩，滾球似地蠕動著；踏上一腳，蝻液濺得滿腳滿腿，膽子小的人嚇得頓然失色。

蝗蝻「胃口」極好，吃東西從來不挑。飛蝗剩下的光穀杆，爬上去一個勁地啃。地頭路邊的草也照樣是牠們可口的佳餚。總之，凡是蝗蝻滾過的地方，立即白地一片。

蝗蝻增多的第二天上午，保、甲長傳出縣、區政府的通知，要求百姓行動起來撲滅蝗蝻，並提出每人每天交三斤蝗蝻，事後按斤數付糧食。

這一脫離實際而無法兌現的號召，只會引起人們的嘲笑。大災壓頂的農民，置任務於不顧，自發採取種種措施撲滅蝗蟲。

開始他們用掃把、鐵鍬把蝗蝻攏在一堆，用麻袋裝運，倒入坑內掩埋。後來按照蝗蝻擁進方向，攔頭挖溝，然後用土壓蓋。晚上利用蝗蝻的趨光性，在溝坑裏設置篝火，集中撲滅。

這些撲滅辦法，平均每人每天可以撲獲百斤上下。所以，保、甲長按任務驗收蝗蝻，不到半天時間，便下令拒收。政府的獎勵成為彌天大謊，遭到交納蝗蝻的人們譏笑謾罵。

是時，當地流傳一首歌謠：「螞蚱爺，螞蚱爹，螞蚱蝗子夠慘烈，水、旱、蝗、湯不仁道，百姓遭殃向誰說。」

把蘇德全部武器拿來，都打不完河南蝗蟲

對於河南的蝗災，時任河南省建設廳廳長的張仲魯，鼓勵河南大學農學院學生，到各個縣協助農民治蝗。

那時候大學農林學科沒有中文課本，河南大學農學院學生崔炎壽遍翻英文和日文資料，都沒有記載這麼大規模蝗蟲的防治辦法，無奈，還得跟著農民，邊防治邊摸

索。

時間長了，還眞摸索出了一套辦法。這套看似可笑落後的辦法，卻是當時最管用的治蝗策略，被省政府會議定爲《河南省治蝗方案》，印發各縣參照執行——事實證明，老百姓的智慧是無窮的。

方法大致有三種：

一、設哨觀察，嚴密監視。發現蝗蟲將要到來，就各持工具嚴陣以待。集中人力，分點分片，高舉紅旗或各色布條，在空中來往擾動，大鼓大鑼敲敲打打配合著，造成紅旗招展鑼鼓喧天的局面，嚇得蝗蟲不敢落地。

二、如果蝗蟲已經落地，就全力以赴，用掃帚、耙子等工具一起撲打，趁早晨有露水蝗蟲飛不動時候撲打，效果最好。

三、查明蝗蟲盤踞地點，挖一條深溝，有水源的可往溝內放水，將蝗蟲驅入溝中淹死，沒水就往溝中填入柴草，放火燒死。

但大家夜以繼日地忙活，只能阻擋一部分蝗蟲。當時蘇聯和德國正在酣戰，曾任國民政府地政部長的李敬齋說：「把德、蘇兩國所有的軍事器材集合起來，都消滅不了河南的蝗災！」

蝗蟲是從豫東飛過來

對於這場給河南人民帶來極大災難的蝗災，時任三民主義青年團許昌分團幹事長的楊卻俗在文章中記錄說，蝗蟲最早是從豫東「黃泛區」飛過來的。

當時他在鄢陵黃河大堤處，突然看到漫天的黃風從遠遠的對面刮來。當風頭接到眼前時，又發現黃風並不是渾然一團，而是像彈頭般的個體動物——蝗蟲，越過黃河就簌簌地紛紛降落，只是降落的部分彷彿是凌空的滄海偶然漏下的水滴，還有絕大部分蝗蟲像飛箭一般越過頭頂飛向大後方。

檔案顯示，一九四二年，蝗災遍及河南四十個縣。湯陰、修武、扶溝、沁陽、新安、登封、滎陽、汝南等縣，蝗災面積均在一百萬畝以上。僅上蔡，捕獲蝗蟲便有近二百萬斤。

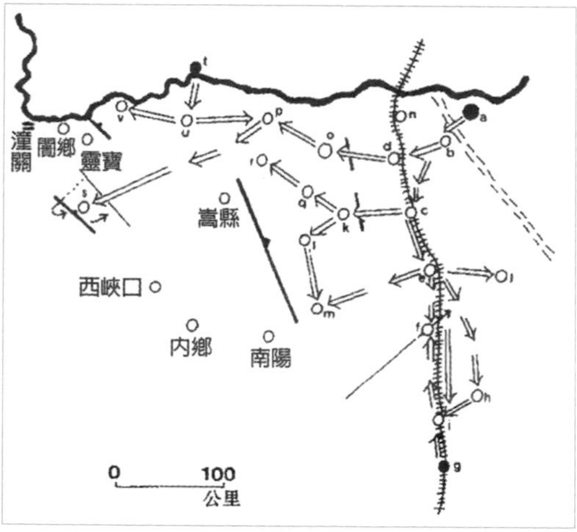

民國三十一年蝗蟲遷徙圖

在同樣遭受蝗災的平頂山葉縣，民國三十二年夏，蝗蟲自扶溝黃泛區飛來，遮天蔽日。是年秋，遍地生蝗蝻，所經之處，穀了、玉米等全部被吃光。葉縣饑民結隊逃往南陽、鄧縣一帶。

到了初秋時節，蝗蟲的幼蟲，從地下爬出來，比蝗蟲數量還多，光會蹦，不會飛，密密麻麻覆蓋大地，吃著莊稼沙沙作響。人們想法撲殺幼蟲，火燒樹打，更有人燒香拜佛，祈求老天收回蝗蟲，但無濟於事。在掃蕩了七天七夜後，這些蝗蟲才離開葉縣，向南而去。到秋後下霜，最終滅絕。

螞蚱被視為災蟲，吃了會得罪上天

提起蝗災，有年輕人會問，螞蚱不是能吃嗎？爲什麼當時的人寧願餓死也不吃螞蚱呢？

對於這個問題，老人們是有說法的。鞏義站街一位八十二歲老人李興五講了自己的故事。

一九三〇年，他半歲時，父親去世了，家裏只剩下他和母親以及兩個妹妹相依爲命。

一九四二年時，李興五十二歲，在鞏義孝義鎭義愛中學上初中。當時沒吃的，母親出去幹體力活，又累又餓，還病了，暈過去好幾次，差點沒命。

爲了活命，好心人收留李興五到站街的糧食坊子做學徒，一天能吃上一頓飯，雖然不飽，總比沒有強。

被蝗蟲橫掃一空之後，能吃的東西更少了。當年鞏義遭受蝗災嚴重，村民爲了不被餓死，有人把打下來的蝗蟲燒燒吃了。這一舉動卻被老人們斥責爲「吃了災蟲，會得罪上天」，很多人信了，也包括李興五的母親。

在生活最困難的時候，吃觀音土的大有人在，就是沒多少人敢吃螞蚱。於是，人們就在地上挖坑，路邊大大小小的坑裏埋的都是螞蚱，成百上千斤的螞蚱被消滅，很少被食。

親歷蝗災的李興五老人

災荒過後，人們才發現，蝗蟲吃糧食，吃了牠的人照樣活得好好的。很多人一時迷信，喪了命。李興五的母親在蝗災中餓死。他一直念叨：「如果當時吃了螞蚱，或許母親能活下來。」

當時只有極少數人敢吃螞蚱。中國文史出版社二〇〇四年出版的《黑色記憶之天災人禍》有篇周長安的文章提到，一九四三年獲嘉縣的小紙坊村周德文一家，一連吃了四十三天螞蚱，粒米未進，致使全家人面黃肌瘦，渾身無力。

徵實沒減免，大災之年仍催糧

災民遭受如此殘酷的災難，但普通百姓仍對國民政府抱有幻想。許多人臨死前還想著「官家什麼時候放糧」。事實上，「官家」確有少得可憐的糧食發放，但此時糧食還卡在不少貪官的手中，等著發昧心財，災民們連影子都沒見著。

快過年了，那是吉祥的日子，報紙上常見大幅的結婚聲明，財政部長孔祥熙依舊吃得上空運來的上好螃蟹。

然而，老百姓沒等來放糧，卻等來了催糧。面對政府催糧，河南遂平縣村民李某

（檔案中沒留下名字）答應第二天把家裏藏的最後一點小麥交上。保長走後，他囑咐全家人趕緊磨麵，自己在麵裏下了毒藥，一家人一起吃了頓飽飯。第二天保長上門時，這家已經沒有一個活著的了。

自古災區不納糧，但此時，即便每天餓死超過四千人，河南全省的主要任務，還是徵糧。

此前，國民政府糧食部長徐勘電告各省說：「今年的工作是以徵實徵購爲中心，成績好的給予獎勵。」河南省府得電後，便將徵實徵購的數額分配給各專區。各縣按實際能力，將數字先行上報。各專員當然遵命執行，省府很快就獲得報齊的數字，便電報糧食部，略云：「河南人民深明大義，願罄其所有貢獻國家，徵實徵購均已超過定額。」

中央根據所報數字，將徵糧分配給一、五兩戰區；該兩戰區派隊向指定倉庫要糧，結果顆粒無獲，逼得廳局長、專員分赴各縣逼索。這樣一來，民間收存的種子、飼料均被搜索一空，餓死的人更多，僅許昌縣便餓死五萬多人。而很多催糧的保長，眼看天天逼死人，也有自殺的，也有逃跑的。

當年十一月，河南省政府主席李培基，終於公開承認河南災情嚴重，請求減徵賑災，但已經得不到蔣介石的信任。河南省政府雖會商一些救災辦法，可惜爲時已晚。

第二節　賣兒賣女

民國三十一年，隨著旱災、蝗災肆虐中原大地。災區街頭，頭插草標，賣兒賣女的比比皆是。一些人趁機將低價買來的、稍微年輕有點姿色的女孩賣進「火坑」。

一個孩子能換一斤小麥

有從民國三十一年那場大災荒中活過來的老人說：「那是自光緒三年以來最大的年饉，人們沒得吃，賣孩子就像賣白菜，再正常不過。」

河南上蔡縣，農民翟保哭著讓七十歲的老母親帶著自己近二十歲的女兒逃條活命，去的是唐河源潭鎮。他們的打算是，這一帶還能活命，不得已，賣人也好賣。由於信陽被日軍侵佔，源潭就繁榮起來，形成了一個「人市」，販賣婦女的事情，幾乎每日都有。

大饑荒中的孩子們

在平時，如果丈夫勸妻子去跟別人過活，或者妻子要求丈夫把自己賣給別人，都是不可思議的事。但是，在那饑餓待斃的時候，丈夫為了憐惜妻子，不忍心她餓死，就勸說她跟隨別人，逃條活命；妻子也為了使丈夫免於餓死，自己不惜犧牲一切，要求丈夫把她賣去；反而成為他們的相愛相憐、恩義非常！如此人間的痛苦，也夠使人酸鼻了。（楊卻俗《憶民國三十年河南的一次浩劫》）

市場上，婦女、孩子售價已經大跌。不需要人照顧的幼童，一個人只換一斤小麥。後來賣得太多，孩子也賣不出去了，家人希望孩子被好心腸的人撿去，就偷偷地棄在城內。再後來由於沒有那麼多的人收養，就時常有饑寒交迫的孩子在街上哭叫。

破天荒吃餃子，原來是把孩子賣了

同樣的事情普遍發生在河南其他災區。

目睹當年慘狀的鞏縣人陳華策講，民國三十一年遭遇旱災，人人都說是光緒三年以來最大的年饉。村集上出現賣衣服賣傢俱的古董集，還有人市，小閨女、小男孩子頭上插一根穀草，以示出賣。

那時的人販子大多是陝西人，也有本地人向外販賣的。當時，糧食昂貴，衣服、傢俱很不值錢，賣人口的很多，更不值錢。大概是九月初，鄰居董聚魁餓死了。沒過幾天，董聚魁的哥哥董聚銀從集上引回兩個陝西人，中午破天荒包了一頓餛飩（餃子）。

見鄰居吃餃子，陳華策說：「娘，咱連糠饃也沒有，人家晌午還吃餛飩。」陳華策的母親說：「憨子！他把閨女青蓮和桂都賣了，他吃的是自己的肉。你想吃餛飩，把你和妹子都賣了吧？」

「我不吃餛飩了，誰也不叫賣。」

「中，那咱得去陝西逃荒要飯，要不都要餓死。」

「要飯就要飯，也比賣給人家強。」

陝西的人販子，在董聚銀家住了一夜，白天中午吃餃子，夜裏滿院都是哭聲。第二天一早要趕路，青蓮十一歲，桂才八歲，她倆哭著死活也不去。董聚銀和老伴哭著、哄著、送著，哭聲漸漸聽不見了。

之後沒過多少天，董聚銀一家還是離家逃荒了。

家裏實在沒法過，陳華策母子三人逃荒到了陝西。逃荒路上碰到另一個鄰居，他說：「聚銀走到半路上餓死了，老婆把剩下的兩個孩子長富和富有也賣了，老婆死活也沒個信。」

一九七二年，董聚銀的三子董富有回家探親，談起過去傷心地說：「伯死了，伯母也死了，兩個妹妹沒幾年也先後死了，我現在姓孫，叫中生。」

逼良為娼，接客的市價是一斤六兩米

對於當時的男孩來說，除了逃荒，最不願意的是被抓壯丁。而對女孩來說，誰也不願意被賣到妓院。但生活所迫，也由不得她們了。

《界首一覽》記載了當時妓女業的發達。

界首地處潁河中游，抗日戰爭前，是隸屬於安徽太和縣名不見經傳的一個小鎮。一九三八年花園口事件後，黃河改道，界首因其水運之便成爲淪陷區進入國統區的第一門戶，一時商旅麇集，畸形發展，人稱「小上海」。

由上海、揚州、漯河、許昌等地，相繼遷入不少妓女，分居在皀廟鎮正義街以

衰敗的今日界首

北、民康路以東「濟生里」，計房二百八十間。另在界首鎮文化門以南、升平街以西的「崇仁里」，計房百餘間，還有「崇義里」、「抗戰路」等處，均住有不少妓女。妓女分甲、乙、丙三等。一九四〇年統計，界首三鎮掛牌在冊的妓女達一千餘人，共有二十七家書寓。

抗戰期間，鞏縣和唐河、界首已經成了小有名氣的娼妓聚集地。

鞏縣有個叫李欽幕的，日無度用，將被餓死，不得不把女兒李豔芳賣給一個陝西軍人。軍人說是買來做妻妾，誰知他把女子帶到西安，卻賣到了妓院。後來老城南關有人在西安做生意，見到此女，以重金爲她贖身，娶回家了。

如果說李豔芳算是幸運的，更多的李豔芳則不得不繼續呆在「魔窟」裏，她們多數已不再渴求希望。關於這些姑娘們淒慘的遭遇，李蕤的通訊《風砂七十里》曾有記錄。

肇縣的一個旅社裏，差不多一半的房間都變成她們的寮窟。她們有些是從鄭州來的，有些是從小縣裏來的，因爲那些城市已經早成鋼鐵，養不活她們，有的則是剛從鄉下來的「後備員」，脊樑上還垂著紅綠頭繩的大辮子。

她們大半是由一個老鴇主持，每天的所得，是與老鴇各得一半。最高的市價，是一夜大票一百元，也有的八十元。由於法幣貶值，大鈔不值錢，每百元要貼十五元的「水」，折合小鈔只有八十五元，除酬勞茶房二十元外，剩六十元，分給老鴇一半，剩三十元。

肇縣的米，時價每市斗三百元，這三十元錢，恰好買市斗一升的米，按重量合是一斤六兩，而她們家裏照例還有幾口人等這些米下鍋。當然，這「一斤六兩米」也不是每天都有，還有生意不好的時候。

妓院成軍官、商賈揮霍金錢的地方

在當時，生活在底層的普通老百姓沒有吃的，或被餓死，或被派壯丁，或逃荒，或被賣做妓女，生活在水深火熱中。而與之形成鮮明對比的是，那些人販子、上中級軍官、大發國難財的商賈們聚集在旅社內，將大把大把的不義之財揮霍在妓院裏。

而對遭受嚴重災荒，氣息奄奄，行將死亡的災胞們，誰肯解囊一助呢？

秋糧無望，所有的糧食都已經交公，眼看寒冬要來，野菜樹皮都沒得吃。遠在重慶的蔣委員長，會顧念到自抗戰以來就「兵役第一，徵實第二」，把孩子送上戰場，把糧食貢獻給他的軍隊的三千萬河南老百姓嗎？

他們已經沒什麼可吃，也沒什麼可賣的了。

淪陷區電影上演日本人放糧，但根本沒見過

國統區的災民生活得水深火熱，敵佔區的情況如何？

資料顯示，當時日本侵略軍提出了「寧可餓死一萬個老百姓，不讓餓死一個兵」的口號，皇協軍、警備隊、地方團隊紛紛進入農村，到老百姓家裏吃熟的拿生的，明

著要糧款，暗裏搶財物，逼得老百姓走投無路，有的尋死上吊，有的投井自盡。農民們死的死，逃的逃，許多村莊十室九空。

周口太康一九三八年被日軍攻陷。在太康縣城有一座「紅學廟」，當地人說，這座廟是古代考秀才的地方。

八十歲的張素貞老太太正在紅學廟裏念佛（張素貞是開封祁縣人，一九四二年曾在周口太康生活，現在住在太康紅學廟裏）。她說，日本人打過來，她的二大爺就是在「紅學一邊上被日本人殺掉的。日本人的到來也在當地引起土匪嘯聚，後來她的父親被土匪殺害。

另一位名叫劉秀蘭的八十三歲老人，就住在紅學廟旁的小胡同裏。一九四二年她住在太康縣城老南街。說起民國三十一年，她抬起的手抖個不停。

在日本人來之前，太康遭遇了黃水。黃水來時，水面與城牆最高處齊平，好在沒有漫進城內。

黃水剛退去，日本人就來了。她的父親被國民黨軍隊抓了壯丁，母親餓死了，她就跟著奶奶生活。後來奶奶也餓死了，就跟著三娘生活。

在劉秀蘭眼中，日本人在太康縣城很囂張，「說話聽不懂，不聽話，就拿刺刀刺人」。

當時日本人還給群衆放電影，電影上演日本人放糧食，「但我們根本就沒見到日本人給老百姓糧食。該餓死的還是餓死了」。

劉秀蘭於民國三十二年才回到太康，這裏已經成了「人間地獄」，她從縣城東關進城，城門邊到處是死人，死人摞死人的情景至今記憶猶新。

局部地區開始逃荒

災害來臨，家無積蓄的窮人，只能靠賣東西來籌錢維持生計，這催生了集貿市場的畸形繁榮。

但更多的人是拋家捨戶，到他鄉謀生。

《鄧縣縣志》說，民國三十一年夏收前，刮暴風，麥子減產，後又久旱無雨，秋糧基本絕收；次年春，全省有災，鄧縣尤爲嚴重。河南省政府撥美國小麥六千袋，施粥於縣城東太山廟內。

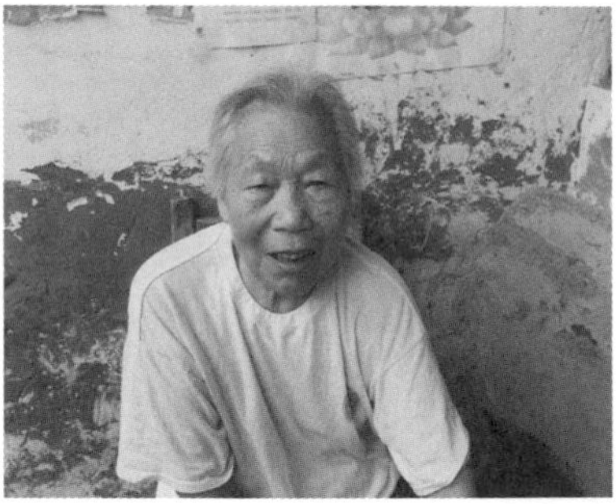

八十歲的張素真老人

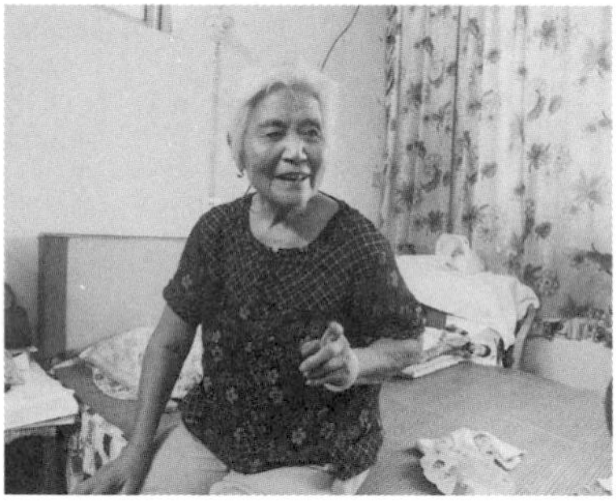

八十三歲的劉秀蘭老人

此後，老河口市捐款二千二百元，漢口市捐款三千元，鄭州市賑務委員會支援五千元，分別於城關小東關、文渠街、林扒街設立粥場。當時，饑民衆多，能到粥場求食者寥寥無幾，有的只好逃往外地，乞討爲生。

據陝西省的統計，當年接收鄧縣災民八百餘人，多數赴黃龍山墾荒，少數流落甘肅省隴東、隴南做工。

魏玉坤在《汝南文史資料選編》第二卷上說，一九四二年，起初只見逃荒路上街頭饑民聚集，繼而哄搶食物，不久便無食可搶，饑民也失去了爭奪之力。

「街道上冷冷清清。行人漸稀，且面黃肌瘦，東倒西歪，大都或坐或臥在街頭巷尾，破廟廢寺裏，饑民屍體也出現了。」他寫道。

到農曆三月間，汝南縣的死人增多，大街小巷，道路兩旁，舉目可見。死者多爲婦女、幼兒和老人。縣城南關吉祥寺東面大堤上，餓死的人縱橫都是，夜間被人挖割煮食，肢體破碎，怵目驚心。

而逃荒的河南災民，不僅僅有老百姓，一些當時的「名人」，也都離家而去。一九四二年六月，在河南已小有名氣的馬金鳳、閻立品等人，就隨著各自的劇團來到了界首。

馬金鳳解放後又去過界首。她說，她第一次去界首是隨著一個煤窯劇團去的，河南大旱，人們生活困難，妻離子散，生活苦不堪言，「我像討飯的叫花子一樣」來到界首。

像馬金鳳一樣來到界首的河南災民大有人在。他們順著沙河而來。一些人在這裏開始了艱辛的正常生活，另外一些人則身不由己，淪爲妓女。《界首縣志》稱：「她們大多來自漯河、許昌。」

逃荒路上

《汜災簡報》中的災情

當年政府石印的《汜災簡報》中，記載了汜水縣的災情：

汜水境內，各個村莊的大小樹木均被剝食，樹爲此而枯死。街市上的應時商品，則爲榆皮麵饃，四元一斤。用牛驢等動物的皮煮作漿液凝結而成曰「皮粽」者，七元一斤。

從鞏縣販運來之河中「草」，水濕淋漓，也賣一元一斤，更有鄉人將枕頭內、馬鞍內所裝多年陳腐之穀糠，盡行倒出爲食。

當時的糧價飛漲，抗戰前小麥每市斤六角，小米六角有餘。一九四二年麥收前，小麥每市斤已漲到二十二元，小米二十三元餘。到一九四三年春，小麥每市斤漲到三百元，小米三百元有餘，較之戰前高出數百倍。

人們爲了能活下去，將祖上遺留之田產賤價出賣。過去中等田地，每畝地價合本地老斗小麥三石，而此時每畝地賤者不足一百五十元，昂者也不過五百元。如仍折合小麥，昂者不足六市斤，賤者不足三市斤。當時賣地一畝，還不足一家八口人兩天的生活。

據國民政府一九四二年六月的調查，汜水縣人口爲九萬五千三百七十一人。一九四三年春出外逃要飯者是二萬九千六百四十八人，餓死、病死、食品中毒死去者，共三千四百四十六人。全縣人口剩下六萬二千二百七十七人，較前減少三萬三千零九十四人。

一九四二～一九四三年河南旱災氾水災民部分“食品”統計

食品種類	食用方法	食後現象	食品種類	食用方法	食後現象
麥連子	煮熟水浸食	肚脹有毒	野白菊花	蒸食	苦澀味道
野黃菊花	拌麵蒸食	腹脹腿腫	泥糊菜	泥糊去麻味	爛眼生瘡
野薺菜	醃食	腹痛	柞草	炒煮蒸食	性熱難消化
麥苗	拌食蒸煮	肚脹臉腫	扁豆苗	拌食蒸食	腫脹
豆秧	碎幹爲麵	便結腫脹	紅芋秧	碎幹爲麵	肚脹
瓜秧瓜葉	炸爲末	苦味身腫	豇豆葉	和粥煮食	難以消化
棉花葉	碎幹爲麵	腫脹麻木落牙	棉籽	碾麵製饃	嘔脹便結
瓜子皮	炒焦碾麵	傷眼	花生皮	磨麵	便結
豆角皮	碎幹爲麵	便結	棗核	碎幹爲麵	傷腸
核桃皮	碎幹爲麵	傷腸	榆樹皮	碎幹爲麵	腫脹食蒜則死
柿樹葉	青爲菜或幹爲麵	腫脹傷鼻	梨樹葉	和粥煮食	肚脹
李子樹葉	和粥煮食	肚脹便結	花紅樹葉	碎幹爲麵	便結下血
石榴樹葉	去苦和粥食	肚瀉	椿樹葉	炸熟水浸作菜	喉痛鼻血
杏樹葉	拌麵蒸食	喉乾	黃楝子	磨麵	毒嘔吐腫
玉米棒	磨麵	便結下血	穀稈尖	碎幹摻糧磨麵	便結下血
麥稈尖	尖碎幹摻糧磨麵	便結	芝麻油餅	拌糧磨麵	便結下血頭暈
棉籽油餅	拌糧磨麵	便結嘔吐頭暈	甘蔗渣	碎幹爲麵	便結
牛皮	去毛煮食	肚痛	皮繩皮塊	摻硝煮食	肚痛發嘔

第三節　人吃人

野菜、榆樹葉、樹皮、河草、雁屎、觀音土，能吃的都吃了，不能吃的，想著法子也吃了，仍然每天都有成千上萬人餓死。到了一九四二年冬天，更可怕的事情還是發生了。

人在沒有東西可吃的時候，也許本性中已經無所謂善無所謂惡了。一九四二年冬，為了活命，鄭州、許昌、汝南一帶，「吃人的社會」已不僅僅是一個詞語，而是變成了現實。

妻子怕被丈夫殺了吃，逃跑後餓死

民國三十一年（一九四二年）冬，小麥由十元（紙幣）一斗（十四市斤）漲至一百元一斗。到三十二年春，暴漲到八百元一斗。災民傾其所有，換取斗升糧食，亦難度過春荒。

在扶溝，餓死的屍體，到處可見。

延至這年三月，政府開始援糧放賑，四鄉的饑民聞訊後，成群結隊湧入縣城，城隍廟、天爺廟，住滿奄奄一息的災民。大街小巷，房簷屋外，露宿而臥者，不可勝數，人多粥少，不幾天就停放了。餓死的人一天天多起來。起初死了人，還用席子裹住埋掉，後來打車拉著埋，以後扔到山溝沒人埋。

爲了三五斤饃，父母賣兒女，夫賣妻，兄賣妹，以人易物。城內有人市，親人骨肉，生死離別，涕泣呼叫，見者落淚。在無物可賣、饑腸難忍的情況下，慘絕人寰的事情發生了。

曹里寺一家夫婦，把親生女兒吃了。妻子怕被丈夫殺吃，趁黑夜逃走，餓死在路上。丈夫環視家中，伶仃一人，悲痛欲絕，慘叫數聲而死。城東大王廟有位婦女，見竇虎營村的小孩路過門口，哄進屋內

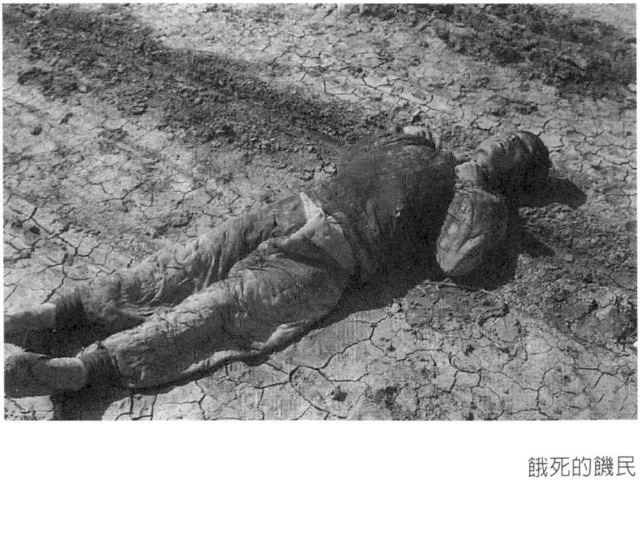

餓死的饑民

煮吃了。

扶溝縣財委副主任林子普家，祖孫三代十人，餓死六口人，賣出一人。林灣村黃河水災前三百六十人，災後統計，外逃一百八十一口人，賣出十四人，留在村一百七十九人，在旱蝗災害中，死去八十六人。

《前鋒報》記者李蕤，當時是駐洛陽特派記者。他曾提到幾個人吃人的故事。有個犯人是鞏縣黃窯村人，名叫劉保山，當時還在獄中。他的罪行是吃了人家小孩的一條大腿。案發是因爲他賣人心。

另外一件事，發生在鞏縣東山，一個農人，預備把他十四歲的女兒勒死，但又怕被人發覺，便打死了一條野狗拉回家中，準備夜裏下手把女兒殺死，和狗一併煮熟去賣。但是女兒已有覺察，趁他磨刀時逃去。這個

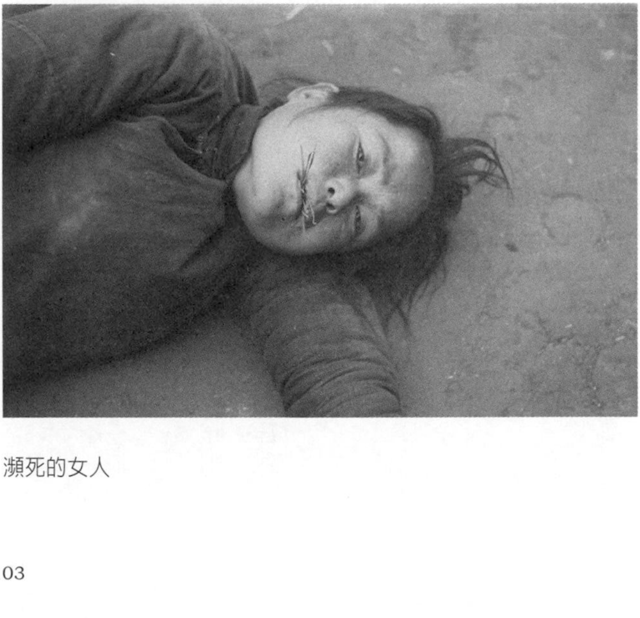

瀕死的女人

人回來後看見沒有了女兒，知道事情不妙，便也跑了。

在洛河北岸有一個男人，殺死他一個十五歲的男孩、九歲的女孩，女人抱著一個最小的孩子，逃到了鄰家，等驚動五鄰四舍跑來看時，這個「兇手」已經把自己「就地正法」了。

李蕤說，從前聽說人吃人的事，總覺得是人們的誇張，如今置身其地，「親聆相食親子的事，只有愧歎自己以往的孤陋寡聞和感情冷淡。因此我希望坐在暖室華屋裏的人，不要忽視這些血的現實」。

婦女吃死嬰，被暴屍城門外

鞏縣有個老人叫武磐石，當年他十九歲，在許昌電信局工作。

爲了躲避日機的轟炸，許昌電信局遷移到許昌城西南三公里的碾上村。附近鄉村餓死百姓不計其數，武磐石見到有人正走著路，突然跌倒在地，再也爬不起來，活活餓死。

有的人攜兒帶女向西逃荒，半路上餓得走不動，就將親生兒女換幾個饃饃，丟掉子女上路，情景淒涼，慘不忍睹。

許昌南城牆上是一條寬馬路，擺著許多賣古董的，也有賣小吃的。人人面黃肌瘦，憔悴不堪。那裏賣的包子，有的是從餓死的人身上割下肉來，剁成肉餡摻在裏面賣的。

武磐石講了一件親歷的事。

在許昌北門外新溝街和王惠民（武磐石妻的姊夫）對門住著一家姓常的人家，家裏人都不在家，只住著一個四十多歲的女人，街坊鄰里叫她常四婆兒，整天蓬頭垢面，經常拾死嬰煮吃。後來把附近玩耍的小孩（大都兩三歲）哄到家裏殺死，將肉剔下煮了吃。附近的人孩子失蹤，卻無從尋找下落。

有一次常四婆兒向別人家借大鍋，因而引起別人疑心，認為她只一個老婆子，用這麼大鍋幹什麼？況且在這年饉時期，家家都是少吃缺喝，她還煮啥東西吃？因此就悄悄跟在她後面，當跟到她家，看到屋子裏放著一些支離破碎的小孩胳膊、腿時，嚇得跑出來向警察局報告。經警察局搜查，才發現床下堆有骨頭，在一個破木箱裏還存放有未吃完的小孩屍體，立即將她逮捕。

因民憤極大，後來人們用釘子將她釘在北門外城牆上，暴屍數日，天熱時曬得直往下滴油。直到農曆十月一日武磐石陪愛人上墳路過時，還看到僵屍。

「這悲慘的一幕，而今回想起來還是毛髮悚然。」多年以後，他在回憶文章中說。

老頭殺了親生女兒，煮吃了

婦女吃小孩被暴屍城門的事件對不遠處的鄭縣沒有絲毫威懾力。

在鄭縣，沒有災荒前，那裏還相當繁榮，但此時，冷冷清清的長街，有時候走半天遇不到一個行人。這裏的電燈早已沒了，一到黃昏，全市一片漆黑，除了聽到街角或空屋中有災民的哭聲外，什麼也聽不到看不到，簡直像在地獄裏巡行。

李蕤在《豫災剪影》中提到，在隆冬時，吃人肉的事是常常有的：

下午倒個死屍，夜裏便會少一隻大腿或

倒在街頭的災民

臂膀。被槍斃的罪犯，如果當時沒人去收屍，第二天便被肢解了。

落雪天氣，鄭縣政府逮捕了一個殺人犯。主犯是個老太婆，她住在東陳莊，她的丈夫叫馬水道。他們因爲餓得太狠，把親生女兒殺死煮吃了。老頭吃了女兒雖然換了一飽，但最後還是餓死。老太婆臨被捕時，身上還搜出人肉一包。

那時，鄭州市面盛行一種「肉凍」之類的食品。據經過光緒三年大災荒的老人說，他們嘗得出「異味」，後來政府便下令禁止這種東西上市。但據識者談：那些馬路邊風塵中的餃子攤上，以及流動的「大鍋菜」挑子上，確有人常吃出帶指甲的肉。

人餓倒了，便躺在熱鬧的街心，死了也沒有人理。同時，活人們仍然在死人的身邊完全「視若無睹」，來來往往。

鄭州三青團分團部在各處的調查單上，懸樑的，投井的，服毒的，摔死孩子的，全家餓死的，一個人名連著一個，一頁接著一頁。

在路邊的流水溝裏，或石橋下面，常有半斃的無人理的嬰兒，和被剝得精光的屍體，烏鴉在上面盤旋著，野狗看到過路的人，依然肆無忌憚地大嚼。路人因爲對這已經習慣，誰也不爲這停留下腳步或去歎息一聲，便又匆匆趕路了。

關於「人吃人」的詳情，不僅是李蕤，當時留存的報導，甚至政府檔案中，都有提到。如果一一寫來，恐怕夠得上一部恐怖小說。

「小南海」成了亂墳堆

一九四二年的冬天來了，大批災民在寒風中餓死。就連汝南這樣曾經穀糧豐足的地方也出現了大片大片的亂墳堆。

汝南的「南湖」，因風景秀麗被當地人稱爲「小南海」，向來是遊人盤桓的地方。但災荒年間「小南海」周邊隆起了無數的新土堆，有的外面露著頭髮，有的被野犬扒開。景區內也到處是亂墳堆。

記者在汝南幾經周折，終於找到了當年的「南湖」。如今，這裏已經成爲汝南園林學校的後花園。

湖水被一座古橋隔成兩個小湖，湖面種有成片的蓮藕。問及民國三十一年「南湖」的情景，正在修整枝葉的老人並不知情。望著眼前的荷花，誰能想到，這裏當年竟是大片大片的亂墳堆。

陪同記者的汝南縣縣志辦公室主任王海建說，以前這片湖面很大，後來不少湖面被填平蓋了建築物。好在解放後這一片區域被劃歸了農林學校，一部分「南湖」得以保存下來。

當年的風景區“小南海”現在是汝南園林學校的後花園。

解放前，汝南有兩條主要街道在南湖周邊。生活在附近的老人說，災荒前，這些街道上立有不少功名牌坊，災荒年間，很多牌坊被拔掉了，拿著物件去賣錢的人不在少數。

埋人成為一種職業

《前鋒報》記者李蕤在《豫災剪影》裏對汝南的情況也有記錄。

在汝南，他看見幾丈長的街上躺著四條死屍，和六個走不動的災民。四條死屍之中，有個白頭髮老婆婆，臉朝著天，牙齒上爬滿了蒼蠅，上體在破爛的衣服下裸露著，胸部還起伏著，證明呼吸並未停止。

該街的甲長爲了怕擔負他那條街餓死人的罪名，已經雇了兩個窮人掩埋她。往高粱稈箔上放的時候，她還呻吟掙扎著。當時爲了掙點吃的，掩埋死人的短工，已成爲一種職業。

中原大地上，餓死的人越來越多。人們意識到，這裏已經沒有活路了。沒餓死想逃條活命的人，開始遵循千百年來災區的習俗——逃荒。

火車晚上跑，不敢起速只能慢速滑行

最早被日軍佔領、又遭旱災的豫北地區的災民先逃了出來。他們的目標是西邊，

有人在為餓死的饑民收屍

那是抗戰後方，到那裏或許還能活命，但逃荒過程歷盡艱險。

登封盧店鄉崔崗村大多人都逃荒了，只剩下地主、富豪和幹部。養不起孩子的父母就把七八歲、十來歲的孩子丟在河邊，一個個仰著臉哭得哇哇叫。過路的人看都不看一眼，只顧著逃荒。

八十七歲老漢崔忠臣也跟家人向西逃荒去了。跟著逃荒人群，他們來到洛陽坐火車。沒想到，過靈寶時，「老日」的大炮就在河對岸等著。只要聽到河這邊有火車響動，炮彈就打過來了。

炮彈落在火車邊上，好多人被炸死、震死了。當時，通往西線的路線是百姓的逃荒線，也是抗戰的補給線。這裏，被日軍重點「照顧」。特別是靈寶、潼關段，成爲日軍轟炸的重點，幾乎每天都有飛機和大炮輪番轟炸。

爲了躲避炮彈，當時白天不跑火車，只晚上跑，而且只能用很慢的速度滑行，不敢起速前進。就這樣，火車載著他們逃到了陝西西安周邊。

坐火車的人太多，不少人被踩死，也有不少人趴在活動頂上，過涵洞時被撞死。跟崔忠臣一起逃荒的鄰居崔盤正就被人踩死在火車上。到了西安，老鄉把他給埋了。

此時此刻，河南三千萬老百姓，吃人的，被吃的，餓死的，沒餓死的，也許都不會想到恨誰，也不會想到是誰把他們逼到了這個份兒上的。

而此刻，河南省政府因「徵糧徵實」成績顯著而獲中央嘉獎。這份「榮耀」，跟三千萬猶如熱鍋上螞蟻的河南災民沒有任何關係。

豫中、豫南、豫東上百萬的災民開始向洛陽聚集，這裏是他們心中唯一的逃命出口。

絕大多數災民從洛陽出發，沿隴海線向三門峽、靈寶、潼關、西安及寶雞逃亡。少量災民北上進入抗日邊區，或南下逃往安徽一帶。

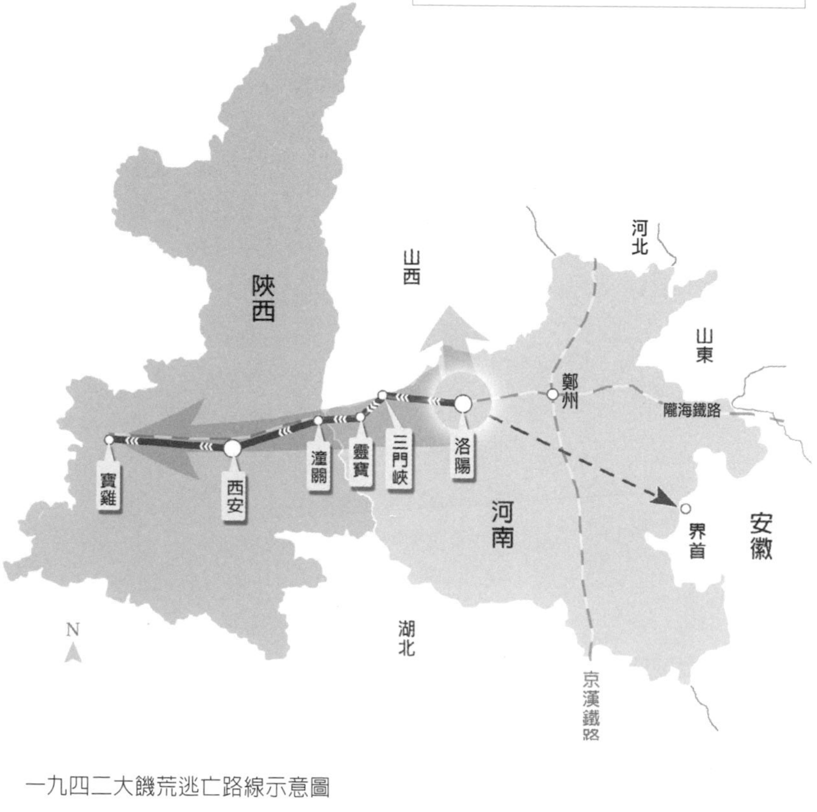

一九四二大饑荒逃亡路線示意圖

第四章

逃亡

第四章
逃亡

第一節　舉目都是死別生離

沿著隴海線鐵軌，滿眼是無盡的難民隊伍。他們在冬天裏行進著，一旦由於寒冷、饑餓或筋疲力盡在哪裏倒下，便永遠倒下了。

洛陽火車站，難民們衝鋒似的攀援到火車頂上，肩挨肩地在一起堆砌著，四周亂七八糟地堆滿他們所有的財產：土車、破筐、席片，以及皮包骨的孩子。距火車開行還需等一夜零半天，但他們卻非常拘謹而認真地坐著，連解手都不敢輕易下來，害怕稍不留心，火車便會飛去。

逃荒災民，沿隴海路向西

一九四二年冬，河南的數百萬災民，從四面八方湧向了洛陽。河南省檔案館的檔案顯示，逃荒災民除了少部分人北上進入抗日邊區、南下逃往湖北、部分東逃外，大部分經洛陽沿隴海路西逃。

後來，曾有人提出，當時山西、陝西比河南還要貧瘠，爲啥河南人逃荒都往西跑，而不是去土壤肥沃的關東？《溫故一九四二》作者劉震雲在回答記者提問時給的答案是：河南人鄉土觀念重，要是有一個人去了山西，想著有人照應，就會有十個人、一百個人往那去。

此外，交通也是重要原因。河南地處中原，交通一向發達，但豫東豫北已經淪陷，日軍佔領後燒殺搶掠，往這兩個方向逃，無異於往「火坑」跳，且北有黃河南有長江，天險阻擋無法越過。當時河南省內有兩大鐵路：隴海線和平漢線，平漢線縱貫南北，但當時幾乎被損壞殆盡，幾無通行能力，唯一的一條「大動脈」，就是隴海線。此時，隴海鐵路鄭州到洛陽段已經被拆，只有洛陽以西，還有一段鐵路通向「西省」——陝西省，通向「大後方」。

隴海鐵路，在災民的心目中，好像是釋迦牟尼的救生船。他們夢想著只要一登上火車，便會被這條神龍馱出災荒的大口，到安樂的地帶。（李蕤《豫災剪影·無盡長的死亡線》）

於是，成千上萬的災民湧向洛陽，希冀衝出死亡圈，讓火車把自己帶到可以活命的地方。

關門閉戶，帶上所有的東西逃走

關於逃荒，目前詳細的介紹，僅有《時代》週刊記者白修德和《前鋒報》記者李蕤的報導和記述，雖然字數不多，卻依舊怵目驚心。

白修德當時是從重慶出發，經寶雞，過西安，再到洛陽、鄭州，剛好和災民的逃亡路線相反。他寫道：

他們都是換了最好的衣裳逃亡出來的。中年婦女們穿著他們按照傳統風俗結婚時的嫁衣，紅紅綠綠的，上面沾滿了斑斑汗跡，在難民叢中十分顯眼。他們逃出來時都儘量帶上了最好的東西，黑色的水壺、鋪蓋卷，還有年代久遠的座鐘，所有能賣掉的東西，他們都用來換成紙幣了，或者和賣食物攤販討價還價。（白修德《河南大災：最爲刻骨銘心的記憶》，趙致真譯）

可見，這些背井離鄉的人，是下了決心不打算回來了。

河南人安土重遷，不到萬不得已，決不會離開家鄉。光緒三年（一八七七年）大旱，雖多數人都往外地逃荒，但家家戶戶都留有看門的。逃荒回來，農器傢俱全無損失，只要下場雨，還是這一家人。一九四二年逃荒，則是男女老幼，關門閉戶——不知道前面等著的是什麼，義無反顧地就走了。

沿著鐵軌，白修德看到的，是無盡的難民隊伍，孤身的，拖家帶口的，或者成群結隊的：

他們在冬天裏行進著，一旦由於寒冷、饑餓或者筋疲力盡而在哪裏倒下，便會永遠在那裏倒下了。有一種獨輪車，上面堆滿了一家的全部家當，父親推車，母親拉車，孩子們隨車而行。有時獨輪車的兩根車把之間，懸掛著一個嬰

逃荒的災民，獨輪車上是全部家當。

兒吊袋。孩子從袋裏睜著烏黑的眼睛，向外面的冬天張望。有時父親把孩子的繈褓掛在脖子上……小腳老太婆們艱難地蹣跚著，有些年輕人背著年邁的母親。在鐵路兩邊潮水般的跋涉隊伍中，沒有人會停下來。如果有孩子在向著一個父親或母親的軀體哭號，那麼他們就是已經悄然無聲地死去了……舉目四望，所有人都在逃跑，儘管沒有任何軍隊在後面追趕。（同上）

夜幕中的火車站，人們像垛劈柴一般地把難民裝進悶罐車，儘量壓縮得更緊些，以至於誰也不能再動彈。還聽到大聲咒罵那些爬車頂的人，父親死勁拉著孩子的手往上拽，像拽著懸在半空的一件行李。他們想攀上去後乘著黑夜逃出隘口。同樣地，到處彌漫著尿臭和屍臭。（同上）

人群一層摞著一層，他們擠在火車頂篷上，孩子、老人和婦女在列車奔馳中抓住任何可能措手的地方……十分鐘之內，我們看到了第一個遇難者，一個農民流著血躺在路基上。他幾個小時前從一列難民車上摔下來。車輪切掉了他的腳，他孤身一人，號哭著，他那被軋平的血肉殘留在鐵軌上。他腳部的骨頭露出來，像細弱的白色玉米稈。（白修德《等待收成》，趙致眞譯）

當我們到達白雪覆蓋的鄭州，碎石鋪成的街道充滿了衣衫襤褸、人形鬼貌的饑民。他們會從每一個巷子裏竄出來向我們尖叫，雙手塞進衣服裏取暖。當他們

要死的時候，就躺在爛泥和水溝旁待斃。（同上）

車站不停上演死別生離

一九四二年的南陽，有家民營小報《前鋒報》，發行量約有二千份。當時，《前鋒報》記者李蕤冒著生命危險，記錄了災區見聞，一九四三年四月初在《前鋒報》上連載。當年五月，《前鋒報》將該系列通訊彙集成冊，由社長李靜之作序出版。李靜之說，目的就是「使遠方人，後代人藉以明瞭河南災情的實相，並替國家保存幾片段史料」。在洛陽，李蕤發現：

幾個月來，這個災民的「大聚口」處處為哭聲呻吟聲所籠罩。儘管火車頂蓋上一批批的災民整日往西拖，但災民卻好像永沒盡頭。大街上，小巷裏，防空壕中，破舊的碉堡中……任何地方都有他們。誰家只要一開大門，立刻便會灌進去一群鳩形鵠面的人群。家家户户一般終天關著門不敢開，感覺到災民簡直要擠破這座城市。（李蕤《豫災剪影・走出災民的「大聚口」》）

據《新華日報》報導，當時每天都有數千災民湧向洛陽火車站。《前鋒報》記者李蕤的報導中，也詳細描寫了當時的情景：

這些破破爛爛的人群，在開車之前，衝鋒似的攀援到火車的頂蓋上……人們肩挨肩地在一起堆砌著，四周亂七八糟地堆滿他們所有的財產：土車、破筐、席片，以及皮包骨的孩子。

一踏入車站附近，更加怵目驚心。鐵道的兩沿，幾尺高的土堆上，到處都挖的有比野獸的洞穴還低小的黝黑的「家屋」，有的便用幾莖樹枝和泥漿圈成一個圈子，一家人擠在裏面。

停著的一列火車，頂上滿成了菜色的人臉，他們帶著緊張而惶恐的面孔，推著、擠著、擾攘著，拖著他們的親人，生怕新上來的人擠去了他們的位置。下面的人，盲目地爬上頭等車、三等車、郵政車，然後又絕望地繞起圈子。火車的汽笛響了，這聲音激出了他們的力量，我看到一個一二十歲的少婦，在幾分鐘裏從車頂爬上躍下三次，那個車是圓頂的鑌鐵皮車，有兩丈多高，並沒有可攀登的地方。

災民攀爬火車。

小孩被吊上火車。

車快開的時候，車上車下的吵嚷聲、喊叫聲、號哭聲成了一片。忽然從車上落下一個只繫著半邊的竹筐，車下一個白髮的老太婆，從幾尺開外把孩子拋進竹筐裏。那孩子兩腳向天蹬著，繫著半邊的竹筐飛快地向上拽起。眼看孩子便要跌下，車上車下的人都發出驚呼，然而那老太婆卻毫無驚慌的表情，手裏已經又抱著一個孩子等待著竹筐落下。他們彷彿是鐵石人，既沒有別情，也沒有恐懼。

然而他們畢竟是有感情的。車動的時候，車下的人拼著全力喊著：「小心過洞！小心！小心啊！」從他們懇摯的表情上，可以看得出他們恨不得把這句話塞到遠行親人的心裏。誰知道呢，也許幾個鐘頭以後，他們的親人便會血肉模糊地躺在洞口前、天橋下；他們是常常被這樣摔下的。（李蕤《豫災剪影．無盡長的死亡線》）

第二節　一路向西

「不到黃河心不死」，逃到西安的人，才算灰心絕望到極點，有許多是活活餓死，有些則是一家人集體自殺。

靈寶車站

一路向西，李蕤跟著災民們，經靈寶到西安。他發現，即便這些人逃出洛陽，一路也會凍死、餓死無數，就算僥倖經過八十一難到了西安，保得一條命，夢想中的「西省」也並不是一個安樂世界。

經過了一個整夜，車到了靈寶。李蕤下車時，看到一個婦人守著一個老頭的僵屍慟哭，這是夜裏在車頂上連餓帶凍死的。「平常得很，每天都有。」

從靈寶到常家灣，有三十里的徒步路程，因爲靈寶大橋被敵人炸斷了，火車不能暢通。災民們從家鄉逃出來，原只知道坐上火車便可以到「西省」，卻不知道「西省」到底在哪裏。到靈寶後，他們大部分已經用盡了盤纏，寸步也不能前進了。所以這裏比洛陽更慘，車站附近，有了祕密的人市，許多狠心而無奈的爹娘，流著眼淚賣掉了自己的女兒。

靈寶的車站、大街、汽車站附近，都是滿口河南口音，伸手乞討的人。這些難民們，還有人覺得他們受苦不夠，把他們作爲謀利的工具。有些奸商，喬裝成難民，混在裏面帶鴉片、帶白銀，借著人多，容易混過檢查人的眼睛。這些人發了財，卻苦了老老實實的眞難民，因爲這樣一來，「檢查」又成了另一種人謀利的掩護。任何一個難民，都要經過無數次的搜，即令有最後的一文錢，也要被搜出去。李蕤寫道，他曾親眼看到一個痳臉的兵大爺，逼著一個婦女到屋子裏去，脫她的褲子搜查。

到西安的遭遇

西安城街道寬，城大，相當繁華。一個初從河南到西安的人，一定會覺得西安確實還像個市面，不像洛陽，滿街是饑餓愁苦的臉，充耳是啼饑號寒的聲音。彷彿河南人逃到了「西省」，確都有了辦法似的。

但，後來才知道，街上沒有難民，並非西安沒有難民，原來是人家為了市容的整肅，根本不准這些破爛的人群到市內去。（李蕤《豫災剪影．無盡長的死亡線》）

當時，陝西省政府同意接收十萬難民安置在三個新的墾區。實際上，已經到達陝西的難民遠遠超過十萬人。大量難民的到來引起了嚴重的問題。在西安和寶雞這些城市的周圍，有很多移民聚居在草棚茅舍或地窖裏。

隴海線上爬滿災民的火車

他們的大本營，在西安東關和北關。這裏他們住的地方，比在洛陽還不如。有許多人，在平地上挖出一條小溝，再從小溝掘挖小洞，一家人便蛇似地盤在裏面。

「不到黃河心不死」，逃到西安的人，才算灰心絕望到極點，有許多是活活餓死，有些則是一家人集體自殺。

粥場，西安倒有一個，但散發粥券，只有很少一個數目。許多的人，得不到吃粥的機會，而吃到的也只許一次，便在難民條上按上戳記，不能再領。原來他們招待的只是過境的難民。但難民們到這裏，早已九死一生，再沒有「過境」的力量了。（同上）

在西安車站，李蕤遇到一個姓薛的站長，他是河南人，對救災非常熱心。他說每天東邊火車到的時候，車上總拖下幾個死的，呈報法院，再請檢查官檢查，手續太麻煩，而警察局又沒有掩埋這批死人的預算，所以常有暴屍數天被野狗拖去的慘事。薛站長能爲他們做的，就是請求紅十字會施捨幾口棺材。

車過華陰時，天正落著大雪，因為我們這一列車有個「貴人」，於是有七八百難民裝束的人，一齊在雪地跪下，放聲大哭。他們是在家賣了田地，典了衣服，來西邊買賤糧食的，卻被扣在這裏，既不准走，也不准就地賣。他們的家裏鍋滾沒米下，已經一二十天了，並且有把他們買入的這批糧食運回西安充公的消息。幾天來為這自殺的已經好幾個了。我們來到的這一天，還有個姓沈的老頭觸火車自殺。

（同上）

當時，全國救總駐西安的代表提出了一個安置計畫，要求撥款一點五億元。他的計畫包括：開放河南境內的糧倉，購置和運輸大量雜糧到河南以供分配，利用難民勞力修築隴海鐵路，安置難民於陝西和四川的未墾土地上，向難民施粥和供給禦寒衣物等。但他所要求的這筆款項，實際上根本不夠支付這些計畫內容。即便這樣，他的要求也沒有得到批准，甚至路上已有部隊攔截，禁止河南災民入境。

災民在排隊領取賑濟食物。

「自古救災無善策，不移民，便得移粟。」這自然是對的。但是，任難民們在冰點下的嚴冬中，在車頂上凍死、餓死、摔死，到西安後又不准入境，這彷彿不是盡善盡美的「移民」；（糧食現在也正在運進河南省，但數量很小，且只供軍需。）而幾個月中只運過幾百噸麩皮，將自購自運的災民悉數扣留，也彷彿不算盡善盡美的「移粟」。（同上）

一九四二年冬天開始，河南災民的逐漸死亡，就像一場沒人撲救的烈火，自顧自地熊熊燃燒著。

領到賑濟食物的災民

第五章

博弈

第五章
博弈

第一節　跟政府作對

「蔣介石在他昏暗的辦公室接見了我，他站在那裏顯得身材挺拔，儀容整潔，用僵硬的握手表示禮節後，就坐在他的高靠背椅上，臉上帶著明顯的厭煩神情聽我講述。我希望通過講述吃人肉的事，讓我的彙報有突破性成效。他說，人吃人的事情絕不會在中國發生。我說，我見到狗在路邊吃死人，他說這不可能……（直到福爾曼拿出的）照片清楚顯示了狗站在路邊刨食死屍的情景，總司令的腿開始輕輕抖了一下，有點神經質地抽搐。

《大公報》報導河南災情

一九四二年冬，河南災民們被遺忘著死亡的時候，二十四歲的天津小伙張高峰，從武漢大學政治系畢業，被當時最有影響力的報紙《大公報》派往河南擔任戰地記者。

一九四二年，作家劉震雲的小說《溫故一九四二》發表，據當時資料，尚找不出張高峰本人的信息。從張的字裏行間所蘊含的強烈的責任感，劉震雲推測他可能是個中年人。宋致新《一九四二河南大饑荒》書中，通過辛苦尋訪張高峰及其後人，詳細瞭解到了張高峰的情況。書中介紹，張高峰雖然年輕，卻一向文筆犀利，正直敢言，中學時就在報上發表文章，鞭撻「逃跑將軍」湯玉麟。

不管是張高峰本人，還是《大公報》社長王芸生，也許都不會想到，一九四二年冬天的這個任命，會影響河南三千萬災民的命運。

從陝西入河南時，張高峰被眼前的景象驚呆了：「隴海路上河南災民成千成萬逃往陝西。火車載著男男女女像人山一樣，沿途遺棄子女者日有所聞，失足斃命，更爲常事……」

昔日繁華的洛陽街頭，是更加悲慘的景象，到處都是「蒼老而無生氣的乞丐」，

「他們伸出來的手，盡是一根根的血管，你再看他們全身，會誤以爲是一張生理骨幹掛圖」，這些乞丐「一個個的邁著踉蹌步子，叫不應，哭無淚，無聲無響的餓斃街頭」。

離開洛陽繼續南行，「一路上的村莊，十室九空了」，餓狗畏縮著尾巴，「在村口繞來繞去也找不到食物……吃起自己主人的餓殍」。

在葉縣，他看到當地老百姓吃的是花生殼、榆樹皮、一種毒性很強的野草「霉花」，甚至是乾柴……所有人的臉都是浮腫的，鼻孔與眼角發黑，手腳痲痛。物價已經漲到不可理喻的程度，許多人被迫將自己的年輕妻子或女兒賣去做娼妓，而賣一口人，還換不回四斗糧食。

更讓他憤怒的，還有拿著柳條抽打災民的警察、強逼納糧的地方政府、不知所蹤的賑災款項、自欺欺人的官方說辭……

於是，他把此行所見所聞寫成一篇近四千字的報導，發表於一九四三年二月一日的《大公報》。他在開頭就寫道：「記者首先告訴讀者：今日的河南已有成千成萬的人正以樹皮（樹葉吃光了）與野草維持著那可憐的生命，『兵役第一』的光榮再沒有人提起，『哀鴻遍野』不過是吃飽穿暖了的人們形容豫災的悽楚字眼。」這篇報導最初的題目叫《饑餓的河南》，張高峰筆鋒犀利地指出：「災旱的河南，吃樹皮的人民！直到今天還忙著納糧。」

《大公報》被停刊

當天的報紙，如今在河南省圖書館報刊部，還能查到影印版。時值一九四三年農曆新年，這篇報導周邊，全是歡天喜地的消息。抗戰以來，重慶作爲「陪都」，遠離前線，縱然戰時辛苦，依然能看出尚保留著的幾分繁華，這和災荒的河南，完全是兩個世界。

張高峰的報導，放在第二版右下角，看上去位置並不顯眼，題目被謹愼的編輯改爲不溫不火的《豫災實錄》。當時，新聞檢查極其森嚴，河南災情被長期封鎖，《大公報》未必沒考慮後果，但堅持「不黨，不賣，不私，不盲」的他們，依舊勇敢地發出了報導。

報導發出後，在各界引起了強烈反響。見報第二天，社長王芸生親自撰寫社評《看重慶，念中原！》，將矛頭直指當政者。他將逼災民納糧的官員比作「石壕吏」，更提出質問：中央宣稱的賑災款項爲何遲遲未能到位？政府既然可以「無條件徵發一切物資來分配分售」，爲何不徵發既得利益集團資產用於救災，卻對災民敲骨吸髓「照納國課」？王芸生還援引了一條政府喉舌中央社發自河南魯山的消息：「豫省三十一年度之徵實徵購，雖在災情嚴重下，進行亦頗順利……徵購情形極爲良好，各地人民均罄其所有，貢獻國家。」對這冠冕堂皇的欺世之言，王芸生評論道：「罄其所有」四個字，實出諸血淚之筆！

這前後一通訊一社評，惹得蔣介石勃然大怒。二月二日晚，他下令《大公報》停刊三天，王芸生原定的美國之行被撤銷。不僅如此，三月初，尚在河南的張高峰被國民黨豫西警備司令部逮捕。王芸生爲此去找蔣介石秘書陳佈雷詢問究竟，陳佈雷告訴他：委員長根本不相信河南有災，說是省政府虛報災情……嚴令河南的徵繳不得緩免。

對於這些正直敢言的知識份子，蔣介石直接一板子打壓，目的就是告訴所有人：誰說有災，就是和政府作對。但公道自在人心。原本《大公報》在重慶的發行量是六萬份，遭停刊後立即漲到了十萬份。一年多後張高峰出獄，《大公報》爲他舉行了盛大的歡迎茶話會，讚揚他一身正氣、不畏權勢。

二〇〇二年，在《大公報》創刊百年紀念上，人們依舊多次提及此事，深以爲傲。

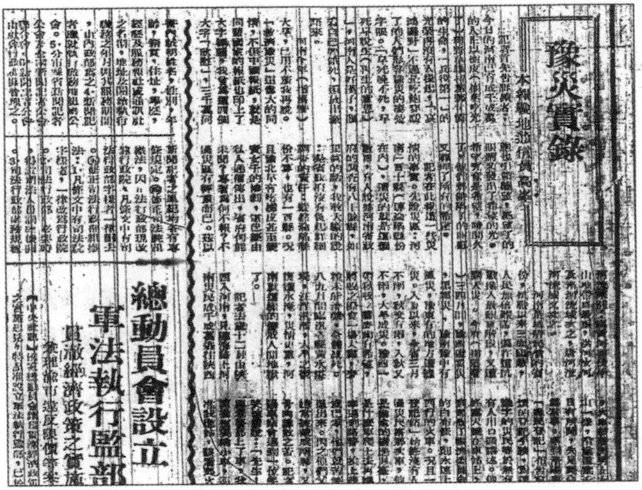

豫災實錄

總動員會設立軍法執行監部

刊載在《大公報》上的《豫災實錄》

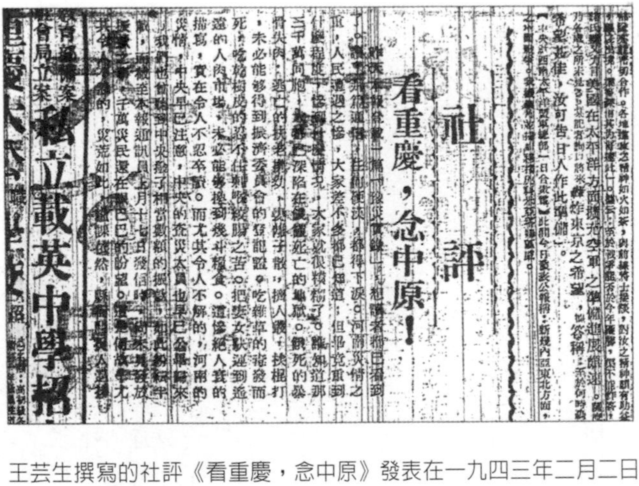

社評

看重慶，念中原！

私立載英中學招

王芸生撰寫的社評《看重慶，念中原》發表在一九四三年二月二日的《大公報》。

《時代》週刊記者的報導

雖然沒有馬上改變蔣介石的看法，但《大公報》的停刊、張高峰的入獄，引起了另一個人的注意——二十八歲的《時代》週刊記者白修德。他當時在重慶報導中國抗戰，此事激發了他探尋眞相的好奇心。他想知道，《大公報》和蔣介石，到底誰在說眞話。

一九四三年二月底，白修德和他的朋友、《泰晤士報》記者哈里森．福爾曼一起奔赴河南採訪。

和張高峰一樣，這兩個外國人被河南地獄般的場面驚呆了：無窮無盡的難民隊伍，隨時因寒冷、饑餓或精疲力竭倒下；一群群恢復了狼性的野狗，肆無忌憚地吞噬著死屍……最怵目驚心的，母親將自己的孩子煮了吃，父親將自己的孩子煮了吃……有的家庭，把所有的東西賣完換得最後一頓飽飯，然後全家自殺……

「在重慶，確切地講，沒有人眞正瞭解河南大災的嚴重程度。當時官僚機構一層層掩蓋著災荒的眞相……」和張高峰一樣，白修德出離憤怒：這個政府非但不作爲，而且變本加厲盤剝災民。軍隊徵走了農民的一切，倉庫裏堆滿了吃空額剩餘的糧食，軍官們便通過黑市倒賣這些糧食中飽私囊。教會和清廉的官員，卻要花高價從黑市上買來糧食用於賑災。

離開鄭州前，當地官員設宴招待他們，白修德特意記下了這頓飯：兩個湯，辣藕片、胡椒雞、荸薺炒牛肉、春捲、熱的蒸饃、米飯、豆腐、雞和魚，還有三個霜糖餅。

官僚、權貴等階層似乎永遠不會是一場饑荒的受害者，他們向來不缺乏食物。

返回重慶途中，白修德便在第一時間從洛陽電報局向美國《時代》週刊發了一篇揭示大災眞相的新聞稿。按照常規，任何新聞稿，都必須從重慶回傳，並經過預先審查，而他們註定會禁止報導發出。然而，「不知是因爲這個系統出了故障，還是洛陽電報局的電報員在良心驅使下無視了有關規定」，結果這份新聞稿直接地、未經審查地發到了紐約。

美國《時代》週刊記者白修德，對一九四二年河南大饑荒進行了報導，引起廣泛的國際影響。本書關於一九四二年大饑荒的歷史照片，均來自他和哈里森・福爾曼的拍攝。

《泰晤士報》記者哈里森・福爾曼在採訪中。

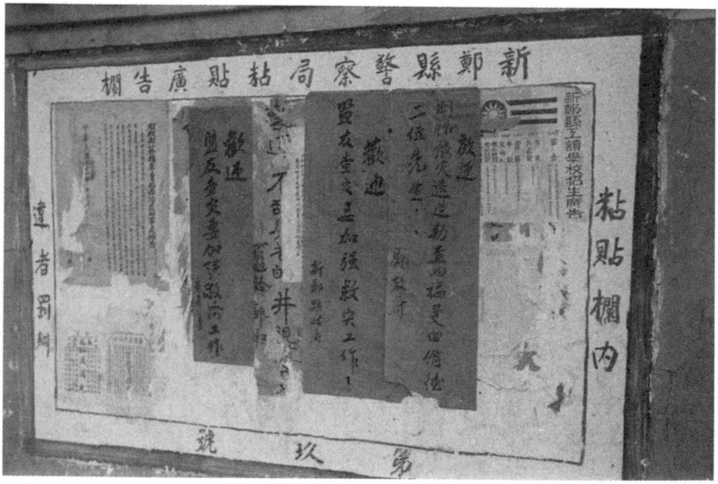

歡迎美國記者福爾曼、白修德勘查災區的通告

於是，河南大災荒的眞相大白於天下了。

蔣介石下令救災

一九四三年三月二十二日，白修德的報導《等待收成》刊發在美國《時代》週刊。

《等待收成》在美國引起了轟動，也帶給蔣介石前所未有的輿論壓力。此時正値宋美齡在美國講演、尋求支持的最關鍵時刻，這篇文章不啻一顆重磅炸彈，極有可能打碎蔣氏夫婦的全盤計畫。

宋美齡怒不可遏，沿用了在中國的一套做法，而在新聞自由的美國，這種做法是極其愚蠢的危機應對方法——請《時代》週刊老闆盧斯解雇白修德。即便盧斯和宋美齡私交非常好，但他依舊拒絕了她的這一要求。他認爲，白修德沒錯。

而另一方面，白修德迫不及待想要見蔣介石。在他看來，蔣介石是被手下的層層官員蒙蔽了，才不知道大災眞相。他找了司法部長、國防部長等人，都沒用，最後想到了宋慶齡。宋慶齡當即決定幫助他見蔣介石。安排好約見後，宋慶齡還給白修德塞了張便條，囑咐道：

「此事關係到幾百萬人的生命……我建議你毫無保留、毫無顧忌地如實對他報告。如果因此會讓有些人被治罪甚至掉腦袋，也請不要過於忐忑不安……捨此一舉，形勢就再沒有可能扭轉了。」

五天後，白修德見到了蔣介石。他記錄了他們會面的情景：

> 蔣介石在他昏暗的辦公室接見了我，他站在那裏顯得身材挺拔，儀容整潔，用僵硬的握手表示禮節後，就坐在他的高靠背椅上，臉上帶著明顯的厭煩神情聽我講述，因為是他的多管閒事的妻姊逼他接見我的……我希望通過講述吃人肉的事讓我的彙報有突破性成效。他說，人吃人的事情絕不會在中國發生。我說，我見到狗在路邊吃死人，他說這不可能……（直到福爾曼拿出的）照片清楚

宋美齡訪美引起熱烈反響，並登上一九四三年三月一日《時代》週刊封面。

顯示了狗站在路邊刨食死屍的情景，總司令的腿開始輕輕抖了一下，有點神經質地抽搐……（白修德《河南大災：最爲刻骨銘心的記憶》，趙致眞譯）

蔣介石問了照片的來歷，又詢問了很多官員的名字，還拿本子和毛筆記了下來，表現出要整頓這件事的決心。二十多分鐘後，白修德被送出了總統官邸。

但之後發生的事，讓白修德徹底看透了蔣介石——據白修德的猜測，掉腦袋的第一個人，不是隱瞞災情的官員，而是洛陽電報局那個將白修德的文章發往美國的發報員。

不管怎樣，河南的三千萬災民，要感謝張高峰、王芸生、宋慶齡、白修德，還有那個沒留下名字的發報員。他們以一己之力，不惜一切拯救那些素不相識的災民。若不然，這片充滿苦難的土地上，死去的災民還會更多。

一九四三年三月，河南大災發生一年後，蔣介石終於下令積極救災了。

第二節　一場貪腐盛宴

到一九四三年麥快熟時，政府才運到一批發霉的麥子。經過分發手續，發放時災民已吃到新麥。麥前麥後糧價相差甚大，政府強迫災民接受高價賑糧，結果等於又派了一次款。

二億元的賑災款，到河南只剩八千萬。賑災款都是票面一百元的票子，可當地囤積者拒絕人們以大票購糧，農民要買糧食吃，必須把一百元票兌成五元和十元票，這就不得不到國家銀行去兌換，而大票換小票，銀行要抽取百分之十七的手續費。

沒有希望的春天

李蕤的通訊《災村風景線》中記述說，一九四三年的春天來了，瘦乾的土地上，又鑽出了草的青芽，折禿了頂的樹幹上，又發出了稀疏的小葉。

從汜水到滎陽，從鄭州到廣武，在千千萬萬的村落中，山崖上、深澗裏、陌頭和阡邊，都有餓得皮包骨的人，提著破籃子，拿著鐮刀或繫著鉤子的長竿，在四處尋覓，捕捉能夠救命的東西。

此時離四月已不遠。算來農曆四月大麥會黃穗，活下來的人們翹首盼望著四月，但是農村裏的大麥田，十塊地有九塊的麥苗被挖去，它們在兩個月以前已經被人吞下肚裏了。

豌豆的苗、扁豆的苗，帶著將要開花的骨朵，一筐筐陳列在街市上。它們是一個月後便會結出豆子的，但饑餓的人們卻偷偷地鏟掉它們。農人們為了怕別人白白偷掉，也只好咽著淚把整畝的苗全鏟下來，以青草的價錢賣出去。

村頭忽然一陣吵罵聲，不用問，便知道是誰暗暗地採了誰家樹上一把榆葉。榆葉的主人會罵對方是「吃死」、「吃了喉嚨裏長疔瘡」。而那個被罵的人，卻躲在屋裏，裝成什麼也沒有聽見。

此時，政府聲勢浩大的救災運動也開始了。但很快，災民們發現，救災不是那麼回事。

運輸能力差，賑糧難運輸

表面上看，這場運動確實「聲勢浩大」：各大報紙充斥著救災宣傳、義演、「賑濟豫災」等字眼，政府成立了救災會、平糶委員會、救濟院、收容所等機構，開展社會募捐、組織救災競賽等，並在隴海鐵路兩邊設立粥場，發放急賑。

但事實上，由於當時河南的災荒是全省性的，即便是富足之家也失去了原有的經濟來源，因而收效甚微，而靠群衆自發的捐助，少量的錢也不會直接發到災民手裏。

本來，最快捷的方式，是從周邊省份調糧，但戰爭使交通運輸陷於癱瘓。隴海鐵路東西橫貫河南，平漢鐵路南北縱貫河南，正常時期，糧食可以從四個方面運進河南。而現在這些運輸線有三個方面都控制在日軍手裏。僅剩來自陝西方面的運輸，也受到嚴重限制，因爲在潼關到靈寶之間八十公里的這一段鐵路，正處在日軍大炮射程之內。卡車和其他運輸工具也不能從陝西籌集大量糧食——何況，陝西本省也沒有糧食。

在這種情況下，艱苦運來的少量糧食，並沒落到災民手裏。

一九四二年河南大災距今已經七十年了。對於那些從這場大浩劫中走過來的人們，尤其是瞭解某些內幕的人們來說，災難給他們留下了揮之不去的黑色記憶。他們

賑災的隊伍正運糧食入村。

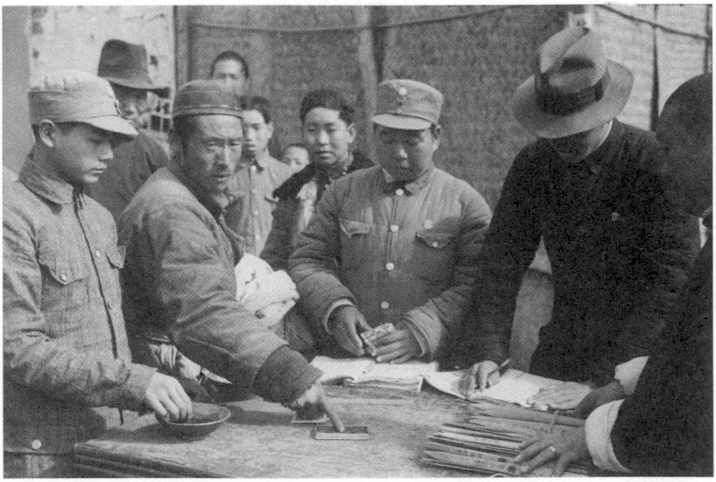

災民在登記領取賑濟款。

在人生的晚年，陸續爲後人留下了自己的回憶與反思。這些文章，使被深深掩蓋的河南大饑荒眞相逐漸顯露出來。

省政府内訌，救災不力

張仲魯，河南鞏義人，哥倫比亞大學商學院研究生，曾任河南大學校長，河南大災期間任省政府建設廳廳長。

這位老人在一九六一年寫了《一九四二年河南大災的回憶》，後收錄在《河南文史資料》一九九五年第一期裏。

他說，河南人士當時對省政府主席李培基所持的態度，是有責難的。他是一省最高行政長官，省裏遭受空前大災，他本應千方百計刺激生產，扭轉災情，努力救濟，減少死亡，但他在大災臨頭、水深火熱之時，對於鼓勵生產、救濟災荒既無計畫，又欠熱情。

其次，省府各委員與各單位也沒全力以赴地投入救災工作。「即以我任廳長的建設廳論，它是發展全省工礦交通農田水利的主管機關」，本來可以興修水利，緩解旱情，但「由於中央認爲河南接近前線，不宜進行建設，因而省預算內只有建設行政費，未列建設事業費……所開十多道小灌溉渠的現金開支，全靠中國農民銀行的水利貸款。這些渠道，對於少數受益地畝，尚能起點微小作用，而在全省範圍來說，則是杯水車薪，微不足道的」。

更可怕的是，在水深火熱之時，省府的上上下下，並不是同心同德，集中力量同災害作鬥爭，而是此猜彼忌，互推責任，甚且仰承蔣介石的鼻息，隱諱災情，不敢實報。一個突出例子是災後許昌縣行文報告該縣餓死人數爲五萬餘，當時被認爲是已經縮小了的數字，省府還是認爲所報人數太多，予以駁斥，令其重報。

此外，省政府主席李培基縱容省府秘書長馬國琳與把持河南省銀行多年的李漢珍（後因省銀行大貪污案被通緝，逃亡多年）互相勾結，招權納賄。民政廳長方策，在一九四〇年省府改組之前，本已內定提升主席，蔣介石臨時改任李培基，因而方策對李有芥蒂，不服氣。教育廳長魯蕩平，在舞陽開設煙廠，大發其財，自恃爲國民黨中委，對李培基不加尊重，且時以惡言相向。

從張仲魯的記載來看，李培基的日子也不好過。他既要揣摩上意，還理不清和下屬的關係。更要命的是，他還和軍方交惡，以至於賑糧剛到，就被第一戰區司令長官蔣鼎文相逼，先拿去保軍糧。

河南當時是半壁河山，千瘡百孔，經濟力量又很薄弱，增產救災都有困難，固然如此，但李培基對災荒漠不關心的態度，在當時的河南，的確引起了相當普遍的不滿。

對此，河南省社科院研究員王全營說，這可能和李培基的身份地位相關。河南此前的幾任省政府主席，不管是商震、衛立煌，還是後來的劉茂恩，都同時兼任集團軍司令員，軍權在握，而李培基沒有軍權，「不好幹的時候讓他幹了」。

救災錢糧被直接貪污

靠著新春的榆樹和野菜，災民們撐過了一九四三年的春天。一九四三年五月，眼看新麥就要成熟，政府的賑糧終於到了。

經過層層分發手續，到災民手裏時，新麥已經收上來了。由於稅收減免，部分災民的日子，終於好過了點。

新麥上市時節，麥價和青黃不接時相比，已經大跌。但這批賑糧需要災民購買，開的依舊是麥收前的價格，雖然和大災時相比便宜，但要比現在貴得多，而且這批麥子已經發霉了。

災民當然不願要高價「平糶糧」，政府卻強迫災民接受賑糧，麥收前後糧價差額，全由災民負擔，結果等於派了一次款。

事實上，這批賑糧款早已撥下來了。據時任軍風紀巡查團主任委員、在查處貪污方面很有成績的國民黨元老金漢鼎記載，購委會在西安購賑糧原是本著救災的宗旨，陝西省主席熊斌、副長官胡宗南將糧價削減二元，即每斤以六元作價，購委會並請求熊、胡聯電交通部，令隴海路局長路福廷對河南救災糧應盡先供給車廂。

但這一來，反倒便利了視人命如草芥的委員們。他們拿著三億糧款大量販運私貨，發了難以數計的血腥財；賑糧款到河南後，經手運用的人又是省府秘書長馬國琳和省銀行行長李漢珍，不啻又為這兩個衆所周知的貪污分子提供了投機倒把、舞弊營私的大好機會。他們做了幾次生意，財發夠了，才把高出市場價的發了霉的「平糶糧」從陝西運到河南，強迫災民購買。

這就是河南大災荒貪污案中最為轟動的「特大平糶舞弊案」。

換款要抽百分之十七手續費

糧款被拿去發財，而賑災款，更成了一些人的「肥肉」。

大災期間任河南省災情調查委員會收發員、三青團河南支部會計室出納員的司殿選，曾記錄了二百萬賑災款「丟失」之謎。

河南省災情調查委員會，主任由河南省政府委員王幼僑兼任，副主任委員二人，其中一人是三青團河南支團部主任王汝泮。

一九四三年麥梢黃前，也就是災民正處於生死關頭的時候，中央發來了二百萬元救濟款。這筆錢能買二十萬斤小麥。但王汝泮讓私人秘書付眞如把錢取出後送到了自己公館。司殿選因是出納員，故而知悉此事。可是，後來不管誰問這筆款子的事，司殿選懾於王汝泮的權勢都回答「沒聽說」。荒春過去了，人也餓死了。人們沒見到賑濟款的影子，倒聽說王汝泮回老家買了五百畝地。

河南的賑災款到得很慢。政府指撥的款項爲二億元，到省政府只有八千萬。而這一筆錢，官員們喧鬧著討論如何使用，很長時間把它留在銀行裏生利息。

在某些地區，當錢款分到受災的村莊時，當地官員先扣掉了農民所欠的稅款。甚至國家銀行也克扣賑災款。中央政府發出的賑災款都是票面國幣一百元的票子，當時一斤麥子十元到十八元，可囤積者拒絕人們以大票購糧。農民要買糧食吃，必須把一百元票兌成五元和十元票。這就不得不到國家銀行去兌換，大票子換小票子，銀行要抽取百分之十七的手續費。

此時，部隊軍官們把多餘的穀物分了，送到市場上出售，這實際上是當時市場上穀物的唯一來源。而控制穀物的囤積者，把價格抬得天一樣高，這也是賑災無力的一個原因。

《前鋒報》的建議未被採納

一九四三年五月臨近「麥口」時，是救災最緊急的關頭，災民只要能堅持到麥收，吃到新糧，就能看到生路。早在此前，《前鋒報》社評就發出了「放斗餘，貸公糧」的呼籲，號召各縣縣長應敢於負責，把往年的餘糧和麥收前吃不著的公糧統統拿出來貸給災民。但擔心公糧貸出後不好收回，沒有哪個縣敢回應，他們寧肯眼看著災民餓死，也不願冒此風險。

目前河南省檔案館留下了一份國民政府發佈的《災荒食譜》。內中聲稱所薦幾種

南陽《前鋒報》是唯一堅持系列報導災情的河南報紙。

配方，有「吃一次兩天不餓、三天不餓、七天不餓」的食品。最厲害的「吃一次七天不餓」的食品，配方如下：

大黃豆五斗，水泡去皮，芝麻三斗，水泡去皮，各曬乾為末，三蒸三曬後，再曬乾用水和成塊，捏成窩窩，蒸五個小時，再曬乾磨成末，用麻子熬水做茶，吃一次七天不餓。

這份食譜在當時到底是不是糊弄人，無從得知，但僅從沒流傳下來這一點來看，似乎並不可靠。如果眞有這種東西，那恐怕千秋萬代，都不必害怕饑荒了。

這就是一九四三年，國民政府的救災情景。

政府指望不上，沒餓死沒逃荒、還在這塊土地上生存著的三千萬河南人，在指望什麼呢？唯一能指望的，還是乾旱後的大地。

據記載，大旱過後的一九四三年年初，河南下了大雪，七月份又下了雨。這是好兆頭，若是在老天的關照下，夏秋兩季能有個好收成，一切都還好說。只要有果腹的糧食，哪怕是一個充滿黑暗和盤剝的政府，都還可以容忍。

但禍不單行，一九四三年秋，遮天蔽日的蝗蟲又來了。這次的蝗災，相比於一九四二年，更為嚴重。從農作物受災總面積來看，一九四二年為二百三十八萬畝，而一九四三年則高達五百三十二萬畝！無論是國統區，還是淪陷區，飽受旱、蝗之苦的河南災民，當他們被統治者拋棄時，心底滋生的，除了絕望，還有憤怒。

第六章 憤怒

第六章
憤怒

第一節 被國家拋棄

一九四二年河南大饑荒以三百萬人餓死結束。而這只是國統區半省的數字，淪陷區四十餘縣同樣遭受旱災蝗災，餓死人數已無從得知。

美國駐華外交官謝偉思，曾經寫過一個詳細的報告，總結這場災難：「在河南，造成這一饑荒的背景，就是農民自己的政府和軍隊對他們實行的殘暴壓迫。這一點是如此明顯……有些人甚至說，這是『人為的饑荒』。」

蔣介石真不知道河南有災嗎？事實上，他早在一九四二年八月就知道了。他為何任老百姓在饑荒中死去而置之不理，卻還繼續徵收糧食？

三百萬人餓死

曾任國民黨道清路黨部委員的郭景道記載，到一九四四年，河南修武縣牛莊逃荒的人陸陸續續回來了。原先七百多口人的村落，在一九四二年大災荒中餓死了四百多口。

一九四四年，牛莊村村民郭敬體已經八十多歲了。他一輩子經歷了兩次大饑荒：光緒三年大饑荒和這次大饑荒。在他的記憶中，「都是餓死人的年景」；他常常在飯場，一遍遍將這些事講給大家聽。郭景道就是聽衆之一。

聽多了，村裏的小孩都能記住了。一九四二年大災顯然比光緒三年更可怕，郭敬體說：那時候家中有點糧食，還能吃到嘴裏，一九四二年就不同了，一升半碗，也要給你拿去；光緒三年，村裏三百多口人，逃荒回來餓死一百多口，沒有絕戶的，一九四二年七百多口人，餓死四百多口，二十一戶死絕；光緒三年逃荒，家家戶戶都留人看門，這次，除一戶沒逃外，其餘男女老幼都逃荒了；光緒三年災荒，是大旱三年不下雨，連年不收造成的，只要手中有錢，能到外地購糧，清政府有時還在縣城設點，放糧救濟災民，這次，日僞政府啥都沒有。

一九四二年大饑荒，延續到一九四三年秋。當年，河南九十個縣再次遭遇大規模蝗災。河南的災民，繼續一批批死去。

據後來官方統計的數字，一九四二年大饑荒，河南餓死三百萬人。但據當時一些人的估計，餓死的人數有可能達到了五百萬人。光緒三年連年大旱，河南三年共餓死一百八十二萬人，一九四二年僅僅一年多的時間，爲何死亡人數如此之多？

當時就有人指出，天災只是一方面，釀成這場悲劇的眞正原因是「人禍」。

「人為的饑荒」

一九四二年，美國駐華外交官謝偉思，繞道河南調查了饑荒。他在災荒現場細緻而精確的觀察，促成了他關於這次饑荒的起因、影響和政府救濟工作不力的一篇令人寒心而且頗有先見之明的報告：

造成災荒的直接原因是：一九四二年大部分時間中持續的乾旱使得春夏作物只有兩成收成。但是，這種統計是騙人的：對中國農民來說，十成年景是百年不遇的好收成，通常都是七、八成年景，而在河南四成的收成就可以「維持生計」。在正常時期，像這樣的歉收也不會造成很大困難，因為在像河南這樣一個高度的農業地區，農民通常都有些積餘可以度過一、兩個災季。

……

如果不是戰爭，可能會有人挨餓，但不會造成真正的饑荒，而在河南，造成這一饑荒的背景，就是農民自己的政府和軍隊對他們實行的殘暴壓迫。這一點是如此明顯，我曾與之談過話的每一個從事救濟工作的人，不管是美國人還是中國人，都向我提到這一點。有些人甚至說，這是「人為的饑荒」。

……

河南農民最大的負擔是不斷加重的實物稅和徵收軍糧。由於在中條山失陷之前，該省還要向駐守山西南部的軍隊和駐守在比較窮困的陝西省的軍隊提供給養，因而負擔也就更加沉重了，在陝西省的四十萬駐軍的主要任務是「警戒」共產黨人。

我從很多人士那裏得到的估計是，全部所徵糧稅占農民總收獲的百分之三十至百分之五十……稅率是按正常的年景定，而不是按當年的實際收成定。因此，收成越壞，從農民那裏徵收的比例就越大。

……有很可靠的證據表明，向農民徵收的軍糧是超過實際需要的。中國軍官

迷茫無助的逃荒饑民

的一個由來已久的、仍然盛行不衰的慣例，就是向上級報告的部隊人數超過實際所有的人數。這樣，他們就可以吃空額，謀私利。洛陽公開市場上的很大一批糧食，就是來自這個方面……

人們還普遍抱怨，徵糧徵稅負擔分配不公平，這些事是通過保甲長來辦，他們自己就是鄉紳、地主。他們通常都是要使自己和他們的親朋好友不要納糧納稅太多。勢力還是以財富和財產為基礎：窮苦農民的糧食，往往被更多地徵去了，這就正像是他的兒子，而不是甲長和地主的兒子，被拉去當兵一樣。（〔美國〕約瑟夫·W·埃謝里克編著《在中國失掉的機會》，第十一－十四頁）

一九四四年七月，毛澤東等人與美軍觀察組合影，左三為謝偉思。

事實上，持這種觀點的，還有當時在洛陽的天主教神父梅根。他目睹了災荒的嚴酷，盡力救助了一部分災民。他說：「災荒完全是人爲的，如果當局願意的話，他們隨時都有能力對災荒進行控制。」

蔣介石真不知道災情嗎

衆所周知，蔣介石在一九四三年開始救災，是因爲《時代》週刊的報導。但他眞的是在那時候才知道發生了大饑荒的嗎？

大災期間曾任河南省建設廳廳長的張仲魯和曾任許昌三青團幹事長的楊卻俗的兩篇回憶文章，都指出一個內幕：一直到一九四三年春還對河南大災佯裝不知的蔣介石，其實早在一九四二年八月或九月份，就接到軍方密報，已知河南有災。他立刻意識到這件事情的嚴重性，親赴西安，在王曲第七軍校召開了「前線軍糧會議」，並下令迅速把西安的糧食調運河南。

但蔣介石的緊急措施，只是爲了確保河南駐軍的軍糧，對於河南老百姓的呼聲，他始終裝聾作啞。由於軍糧不可能很快運到，在「中樞」的授意下，河南駐軍和政府官員一面高調宣傳「救災」，一面向災民殘酷徵糧。之前，蔣介石已下令，把河南徵糧減爲二百五十萬石，但國民政府糧食部長徐勘私自改爲二百五十萬包（一石小麥約爲一百四十多斤，一包約爲二百斤）。張仲魯說，這一字之差，逼死了多少窮苦無告的農民。而超額完成徵收軍糧任務的河南糧政局長盧郁文，卻受到了蔣介石的記功褒獎。

國民政府爲啥任河南百姓在饑荒中死去而置之不理，甚至反而繼續徵稅？抗戰期間，遭受大災的河南，徵糧比「魚米之鄉」浙江還要多，僅次於「天府之國」四川。當時，包括國民參議員郭仲隗、建設廳長張仲魯，還有抗戰期間到重慶爲河南百姓陳情的「請願團」都認爲，那是因爲河南「朝中無人」。蔣本人是浙江人，國民政府糧食部長徐勘是四川人，而河南，並無「說得上話」的高官，所以河南百姓吃苦受累，就在所難免。

當然，還有另一種看法，即認爲根本原因是戰爭。爲維持抗戰，國民政府必須高額徵稅，況且對於河南，早已停止建設，而是「深恐敵人越過黃河，糧食資敵」。

當時，河南是中日軍隊角逐的主戰場，隨時可能淪陷，或許在蔣委員長的籌畫中，一面將河南農民搜刮殆盡，堅壁清野，一面隨時準備拋棄這三千萬子民。正是沿著這樣的邏輯，他才會在一九三八年下令炸開花園口黃河大堤，才會在一九四二年河南大旱後置之不理。

在這樣的背景下，當局嚴密的新聞封鎖，《大公報》的停刊，張高峰的入獄，也就不足爲奇了。

白修德記錄，一個官員曾親口對他說：「如果人民死了，土地還會是中國的，但如果士兵餓死了，日本人就會佔領這些土地。」

所以，政府的軍隊在河南所做的事情，就是徵走遠比土地產量更多的糧食。

大災荒下隱忍的沉默

國民政府沒想到，他們拋棄了三千萬人民，就像種下了一顆憤怒的種子，終

麥克風前正在講演的蔣介石

有一天會生根發芽。

這一點，連謝偉思和白修德都看出來了。謝偉思說，軍事上，河南的情況在一個屏障著中國北翼的、緊靠前線的重要戰略地區，造成了越來越廣泛的瓦解和士氣下降。

社會上，所造成的眼前後果是，根除了很大一部分人承受困難的能力。但是，更重要的後果是，這些苦難可能引起的人們態度和心理狀態的變化。……河南農民的苦難可能孕育著不滿，而這種不滿可能演變為對他們的處境的公開抗爭。

迄今還沒有跡象說明大動亂就要到來，也沒有跡象說明大動亂可能發生。可能的情況是，農民繼續默默含辛茹苦，盼望有好時侯到來。但是，渴望和平的氣氛和對本來被認為是應該保護他們的政府和軍隊的厭惡，是顯而易見的。（〔美國〕約瑟夫．W．埃謝里克編著《在中國失掉的機會》第十八頁）

農民們默默地，指望這塊土地給個好收成，沉默不代表他們沒有判斷。這種沉默的平靜，恰恰有點山雨欲來的感覺。

從河南回到重慶的白修德，看到一派歌舞昇平，內心湧起無限悲哀：「我們知道，在河南農民的心底，有一種暴怒，要比死亡本身更酷烈；我們也明白，政府的勒索，已使農民的忠誠化爲烏有。」

白修德說，在重慶誰也不相信他和福爾曼所描繪的災區情景。

一九四四年，「歷史性的一幕」發生了。河南人民的憤怒，終於像一座滙聚的火山，在一個合適的當口，爆發了。

第二節 草民的反擊

河南人是漢奸嗎？

聽到這句問話，估計上億河南人都會跳起來罵娘。一九三七年七月七日「盧溝橋事變」，河南人率先打響抗戰第一槍，當時守軍多是河南人。八年艱苦抗日，河南人浴血奮戰，出兵出糧甲於全國，犧牲之大，貢獻之多，更是「朝野上下所公認」。

但在一九四四年中原會戰中，卻有五萬多國軍被民眾繳械，其事實真相多年來備受爭議——但毋庸置疑的是，一九四二年大災荒國民政府種下的惡果，生根發芽了。

中原會戰打響，五萬多國軍被民眾繳械

一九四四年四月，抗戰以來日軍最大規模的一場進攻打響了，首要目標就是河南。

日本在太平洋戰場遭受重創後，孤注一擲，在中國發動空前規模的「一號作

戰」，從河南直下廣西，意欲打通連貫南方的大走廊。這場戰役在歷史教材上又叫「豫湘桂戰役」。中原會戰打響後，歷時三十八天的戰鬥中，日軍以五萬兵力，打垮了四十萬國軍，豫中三十多個縣城被日軍佔領。湯恩伯擁有十餘萬大軍，裝備精良武器，卻在十四天內丟掉了三十多個縣。

抗戰時期的湯恩伯

湯恩伯部向豫西撤退時，「歷史性一幕」發生了：當地農民舉著獵槍、菜刀、鐵耙，到處截擊這些散兵游勇，後來甚至整連整連地解除他們的武裝，繳獲他們的槍支、彈藥、高射炮、無線電臺，甚至槍殺、活埋部隊官兵。五萬多國軍士兵，就這樣束手就擒——這些地方，正是平時湯恩伯部爲非作歹的地方。

事後，湯恩伯惱羞成怒，把中原會戰失敗的罪責推到河南老百姓的身上，大罵河南人都是漢奸，貼出標語，要進行屠殺。

彈劾湯恩伯，河南省政府改組

湯恩伯的無理指責，激怒了一個人——曾在一九四二年爲災民呼籲陳情的國民政府參議員郭仲隗。

一九四二年陳情無果後，在一九四三年九月的國民參政會上，郭仲隗曾再次提案說，如不及時救災，河南將會出現不利抗戰的危機。果然，中國軍隊一潰千里。一九四四年九月，郭仲隗從已經淪陷的豫西翻山越嶺趕到重慶，在第三屆三次國民參政會上，以搜集到的大量第一手材料，向軍政部長何應欽提出質詢，揭露湯恩伯禍國殃民、不戰潰逃的罪行，並歷數河南人民身受「水、旱、蝗、湯」四大災害之慘痛遭遇，請求徹查豫戰失職將領，以平民憤，以張正義。

大會上，郭仲隗以確鑿證據，彈劾湯恩伯在戰事最緊張時尚在魯山泡溫泉，日本兵一到，湯恩伯部聞風喪膽，聽到槍響便倉皇逃跑，而且沿途拉夫抓車，護送軍官家屬及整箱滿籠的貨物。日軍攻克的湯恩伯部倉庫中，僅麵粉便存有一百萬袋，足夠二十萬軍隊一年之用……

郭仲隗慷慨陳詞，聲淚俱下，激起全場憤懣，響起一片要求「槍斃湯恩伯」的呼喊聲，會議也無法進行，不得不宣佈休會。《新華日報》、《大公報》等都做了報導，一時影響很大。

事後，第一戰區司令長官蔣鼎文引咎辭職，湯恩伯因是黃埔系骨幹將領，向來爲蔣介石愛重，撤職留任。後來，湯恩伯曾派人暗殺郭仲隗，因被發現而未遂。

河南省政府同時改組，原省政府主席李培基被免職，由劉茂恩任河南省政府主席兼河南省警備總司令。

第四集團軍深得民心

河南老百姓對一九四四年的政府軍隊都敵視嗎？並不盡然。與此形成鮮明對比的是，守衛洛陽的第四集團軍受到了民眾的大力支持。洛陽保衛戰打得極其慘烈，這場大戰役的艱苦程度不下著名的「衡陽保衛戰」。總司令孫蔚如回憶說：「洛陽以東本軍防區內軍民融洽，在陣地十八日之激戰中，輸送軍食、傷兵，皆人民自動爲之。有數日戰事激烈，傷兵衆多，婦女協助運送（後運百里至白馬寺醫院），故能保守陣地，完成任務者，人民之助力甚大也。」

老百姓自願冒死上戰場送軍糧、抬傷兵，原因很簡單：一九四二年大災之中，這支軍隊所屬三十八軍十七師及新三十五師曾在駐地汜水縣，號召全體官兵，每人每天節約口糧二兩，撥給汜水，並設粥場，救濟災民，在民間廣爲傳頌。

老百姓的心，明鏡似的，最分得清是非的就是他們。你對他們好一分，他們便會回報十分，用最原始的方式：出人、出力。

水能載舟、亦能覆舟，這個千百年來的道理再一次被驗證。

孫蔚如，抗戰時第四集團軍司令，因堅守中條山聞名，被稱爲「中條山鐵柱子」，獲抗戰青天白日勳章。他曾是楊虎城將軍部下，一九三七年十二月十二日，參與發動了震驚中外的「西安事變」，逼蔣抗日。

關於「河南人是漢奸」的爭論

多年以後，五萬多國軍被河南民衆繳械這件事，演化成了「日軍拿軍糧賑災，河南老百姓給日本人帶路，繳械國軍五萬」的傳言，並引發激烈口水戰：河南人是漢奸嗎？

這種提法當然遭到了批駁。有人說，一九三七年七月七日「盧溝橋事變」，率先打響抗戰第一槍的宛平城駐軍營長金振中，和抗日英雄吉鴻昌的族侄吉星文，就是河南人，且當時盧溝橋守軍也多是河南人。八年艱苦抗日，河南人浴血奮戰，出兵出糧甲於全國，犧牲之大，貢獻之多，更是「朝野上下所公認」。

一九九四年，曾報導一九四二年河南大災的《前鋒報》記者李蕤，已是八十三歲高齡。他當時身在武漢，依舊奮力寫了一篇文章《不要歪曲歷史，不要侮辱人民》，發表在當年二月九日的《河南日報》上。

李蕤寫道，說日本兵在河南戰役中開倉放糧，賑濟災民，根本就沒有這麼一回事。日本兵一九四三年、一九九四年的「中原大掃蕩」，對河南人民採取的是更加殘酷的「三光政策」。當時幹漢奸勾當的，都是當地的「土豪劣紳」和地痞流氓。這和河南「許多老百姓」可以說毫無牽連；恰恰相反，大多數老百姓，正是這些漢奸的受害者。怎麼能張冠李戴，把幫日本鬼子的漢奸帽子，戴到「許多老百姓」的頭上呢？

李蕤說，一九四二年大災荒中，這些災民，儘管千辛萬苦，死於途中的成百上千，但沒有人「就近」跑到淪陷區去享受日本人所謂「皇道樂土」的「幸福生活」。他們雖然沒有文化，仍然知道什麼是「亡國奴」的滋味，知道「西省」連著自己的祖國。

而當時湯恩伯的軍隊，走私販毒，無所不爲，軍隊風紀極壞，群衆畏之如虎，流傳有「寧使日本兵燒殺，不讓十三軍駐紮」的民謠。他們的部隊失利撤退至豫西、豫西南山區一帶，那裏民風強悍，對這樣的國軍自然忍無可忍，便起來反抗，所以才有「繳械國軍五萬」的說法，而這些被截留下來的武器，絕大多數還是用來抗日自保的，並未落入日軍之手。

他說，抗戰八年，河南人民除了面對窮兇極惡的敵人日本鬼子之外，還帶著另外一條沉重的枷鎖，即天災和人禍加在一起的「水、旱、蝗、湯」四大災難。晝夜之間

衣衫襤褸的饑民

瘦骨嶙峋的饑民

淹沒了幾十縣的滔滔黃河，赤地千里顆粒無收的大旱，遮天蔽日的蝗蟲，敲骨吸髓的湯恩伯軍隊，每一場災難都奪走幾十萬上百萬人的生命。然而，河南人卻堅強不屈，帶著枷鎖抗戰，爲挽救民族的危亡，付出了萬斛鮮血。

目擊者的回憶

一九八六年，遠在美國的原《時代》週刊記者白修德去世。次年，他的回憶錄《探索歷史》開始流傳到中國。在這本書裏，他用相當大的篇幅追述了一九四二年河南大災荒，他稱這場大災荒是他一生「最爲刻骨銘心的記憶」。

晚年，白修德仔細回憶這件事時，他已經不再是當初衝進總統官邸、激動地和蔣介石理論的毛頭小伙子。他「開始儘量用頭腦，而不是用感情來工作，努力去探究到底發生了什麼」。

他說，慢慢就清楚了。整個因果鏈條上的任何一環都足以激起人們道義上的憤怒。戰爭是首要的肇因。如果不是日本人發動戰爭，中國人就不會扒開黃河大堤來阻擋他們以至帶來黃河改道。這樣，也許華北地區的整個生態就不會引起變化了。或許，糧食就能從豐產地區運送過來。和戰爭同時肆虐的是乾旱，這是大自然的罪過。

從另一點上來說，人也是有罪過的。讓白修德眞正激憤之處在於，中國政府到底是幹什麼的？或者說在這種完全無政府狀態下竟然還是把自己強裝成一個政府。雖然都是天降之災，光緒年間（一八九三年）的大旱要嚴重多了，卻由於政府採取有效行動而避免了人民被餓死，而這次的災難卻可以說是人爲的。他寫道：

從我的筆記裏很容易勾畫出一個野獸般的世界，但他們不是獸類，他們是創造了世界最偉大文化之一的民族的後代，即使是大多數的文盲，也都在珍視傳統節日和倫常禮儀的文化背景中薰陶和成長。這種文化是把社會秩序看得高於一切的，如果他們不能從自己這裏獲得秩序，就會接受不論什麼人提供的秩序。如果我是一個河南農民，我也會被迫像他們在一年後所做的那樣，站在日本人一邊並且幫助日本人對付他們自己的中國軍隊。我也會像他們在一九四八年所做的那樣，站在不斷獲勝的共產黨一邊……（白修德：《河南大災：最爲刻骨銘心的記憶》，趙致眞譯）

這就是白修德溫故一九四二，所得出的最後結論。

第七章

重訪

第七章
重訪

第一節　遠去的大災荒

洛陽，災民西逃的起點，一九四二年曾發生多少生離死別的故事？七〇年後，這裏幾乎找不到一絲當年的痕跡。史料文獻寥寥可數，在那個兵荒馬亂的年代，成千上萬災民的生死，是那麼無足輕重。

歷史就是這麼無情。它記得達官貴人的一笑一顰，卻記不住平民百姓的饑飽悲歡。

和記者一樣深有感慨的，還有馮小剛。在開拍《一九四二》時，這位名導兼商人喟歎：洛陽完全沒有過去的影子了，復原洛陽火車站，就要搭進去幾百萬；再現日軍進入洛陽時的街道，又是幾百萬！

遠去的大災荒

若問古今興廢事，請君只看洛陽城。

有著九朝古都之稱的洛陽，是華夏文化的發源地，而在饑荒與戰爭侵襲的一九四二年，它則是河南災民向西逃荒的「起點」。

當時，豫東、豫北已淪入日寇之手，河南省內縱貫南北的平漢鐵路被損壞殆盡，幾無通行能力，唯一的「大動脈」是隴海線，但鄭州到洛陽段已被拆毀，只有洛陽以西還有一段鐵路通向大後方「西省」。因此，災民便齊聚洛陽，從這裏搭上火車開始西逃之行。

時隔七十年後，二〇一二年八月，記者以洛陽爲起點，沿著隴海鐵路一路向西，尋訪當年災民逃荒的故事。

在洛陽市政協文史資料委員會，工作人員錢先生拿出六本《洛陽文史資料》。在其中兩本書中，記者找到了關於一九四二年災荒的記載，儘管是隻言片語。其實這個結果並不意外。來之前，錢先生就給記者打了預防針：「時間太久遠了。你說的材料，我們這裏也不一定有，你最好去別的地方找找。」

在洛陽市檔案館，記者也一無所獲——民國時期的資料尚且少，更別提一九四二年災荒的記載。當年的報刊，洛陽市圖書館古籍室也沒有收存。記者從文史資料裏，找到一篇關於國民黨元老張鈁賑災的文章，再無其他收穫。

洛陽市市志「大事記」裏，對那場災難也只是蜻蜓點水：民國三十一年（一九四二年）六月，旱風成災，二麥減收，秋禾亦多枯萎；民國三十二年，一月，旱災繼續，災情嚴重，收成大減，人多以樹皮充饑，災民相繼逃亡陝西，路棄屍體，無人掩埋。六月，洛陽、孟津、偃師等縣遭蝗蟲災害。

屈指可數的史料表明，在那個兵荒馬亂的年代，成百上千萬災民的生死，是那麼無足輕重。

每天數千災民奔向洛陽東站

二〇一二年八月七日上午，洛陽小雨淅瀝，位於東新安街的洛陽東站，站前廣場空無一人。

幾名工作人員坐在進站口，等待著前來坐車的乘客。因爲沒乘客，進站口的安檢檢測儀沒開。

約二十分鐘後，一行三人走進了候車大廳，上前一問，年輕的母子是要坐車的，而年長的是來送行的。

一名蘭姓工作人員介紹，一九九六年以前，這裏最多每天停靠六七十趟客車。第一次火車大提速後，客車主要在洛陽站停靠，而洛陽東站以貨運爲主，在這兒停靠的客車只有十幾趟，每天乘客也只有千人左右。

時光回到七十年前。一九四二年的秋冬季節，洛陽東站人滿爲患。《新華日報》報導稱，每天都有數千災民奔湧而來。

洛陽市志載，災民沿隴海鐵路

如今以貨運為主的洛陽東站顯得冷冷清清。

逃向陝西，沿途樹皮吃光，餓殍載道。洛陽火車站與南關為災民聚集點，南關貼廓巷設「難民收容所」，負責救濟難民轉赴陝西。

洛陽八路軍辦事處紀念館名譽館長李健永說，隨著災民的到來，東車站自發形成人市，買賣人口。生離死別，哭聲一片，慘不忍睹。當時東車站南邊大道兩旁妓院林立，登記的大約有七十餘家，妓女多達千人，而暗娼比公開妓女多數十倍。

南陽《前鋒報》記者李蕤，對洛陽火車站逃荒災民有詳細描述，在他的筆下，那是一個悲慘世界。每個人都期待搭上西去的火車，可不幸的是，車剛啓動就有人葬身鐵軌、魂斷異鄉。

馮小剛花幾百萬還原車站

七〇年間，見證了災民苦難歲月的洛陽東站，發生了滄桑巨變。

洛陽分局志記載，洛陽東站建於一九〇八年（光緒三十四年），站舍面積七百七十五平方米，初建時為河南府站，是鄭汴鐵路西端的終點站。

洛陽東站與洛陽火車站合署辦公。洛陽火車站辦公室主任李曉印說，一九九六年底，爲了配合洛陽市政建設，鐵路部門投資四百八十五萬元，對老舊破敗的洛陽東站進行了原址拆建。二〇〇〇年十二月八日，洛陽東站新站落成開通，該站東西總建築面積三千一百三十八平方米。

這種變遷，是時代發展的必然，但對於想要探索一九四二年那段歷史的人而言，則充滿了遺憾。

馮小剛執導的電影《一九四二》講述的是一九四二年河南災民逃荒的故事，卻在八竿子打不著的遼寧調兵山市取景，這讓不少洛陽網友深感遺憾。

或許，這也是馮小剛並不情願的事情。

拍攝之初，馮小剛就叫苦：由於與一九四二年有關的歷史場景已經了無痕跡，因此所有的場景都需要人工搭建。比如，要拍攝一九四二年的洛陽火車站，而「今天的洛陽已經完全沒有過去的洛陽的影子了，更不要說火車站了。多少戲呢？一場戲。這一場戲花幾百萬搭一座火車站，施工就要四五個月。而日軍進入洛陽，攻陷洛陽，這條街道也只拍一場戲，但需要幾百萬搭一條街道」。

據媒體報導，爲重現洛陽火車站當時的場景，《一九四二》劇組新建的火車站全部由青磚蓋成，窗戶和門全部採用純木質，完全按照上世紀三四十年代的樣式建造。

異地重建的「洛陽火車站」，院子中央有一座十多米高的紀念碑。紀念碑四面刻字，東西兩側是「國家至上民族至上」，南側是「意志集中力量集中」，北側是「軍事第一勝利第一」。在院子的兩側除了軍火庫就是糧垛，每袋糧食上印著「賑濟」兩字。候車大廳屋頂上插著兩面國民黨黨旗，入口的石柱子上貼有「有進無退，死而後已」、「有錢出錢有力出力」等各種帶有時代特色的標語。

被單一鬆，災民從火車上掉下去了

對於那次逃荒，洛陽東站留存的資料中有沒有記載？有多少災民從這裏坐上火車，踏上了西行之路？

洛陽火車站辦公室主任李曉印說，新中國成立前，鐵路部門的資料很少，僅有的一些資料裏，不大可能記載這方面的東西。另一方面，鐵路部門職工流動性大，洛陽幾個車站並過幾次，要找到親歷那場災難的職工，也幾乎不可能。

洛陽火車站人事部門工作人員查詢完退休職工名單後，非常遺憾地說，車站資格最老的員工，也是在解放後才參加工作的，找他們問一九四二年的事情無異於跟和尚

火車上的災民

借梳子——找錯了對象。

洛陽火車站前混亂不堪，衣著破舊、神情焦慮的災民擠向車站，有的擔著籮筐，有的扛著鋪蓋，有的背著娘親，還有的推著獨輪車——這是電影《一九四二》中的一幕，馮小剛替我們還原了災民由洛陽擠火車逃荒的場景。

已八十二歲高齡的寇景素女士，是洛陽一所小學的退休教師。其父寇鐵書曾任洛陽東站站長，她的少女時代，大多時間是在車站度過的。

寇景素說，一九四二年的洛陽城內，災民遍地，廟宇、學校、破窯洞住滿了人。當時的洛陽東站，只有一個很小的廣場，「烏泱泱的都是災民，人挨著人」。

「東站入口旁有個廁所，站裏站外都有進

口，災民都順著廁所偷偷進站了。」寇景素說，災民看到火車就往上扒，因爲人太多，車站上的工作人員根本管不住。扒上火車的災民，幾乎是坐在車頂，每到一站都會有人轟他們下車，但他們還是會再次扒上去。

寇景素親眼見到，因爲車頂已擠不下人，很多不願等下一趟車的災民，就把隨身帶的破被單綁在兩節車廂之間，讓家裏行動不便的老人或小孩坐在床單上，自己則站在可以站的地方。被單如果一鬆，人就從正在跑著的火車上掉下去了，「都是沒辦法了，有辦法誰會去冒這個險？」

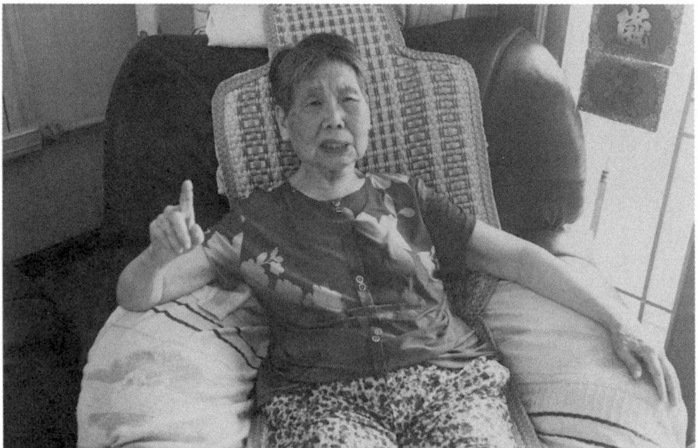

少女時期就生活在洛陽東站的寇景素老人

第二節　防空洞裏的「餓死鬼」

在那個災荒年代，餓死人是最正常不過的事情。

災民餓死了，用席子一捲就埋了，多數直接扔進防空洞。最要命的是，遇到日軍飛機空襲，災民為了活命又得鑽進充滿屍臭的防空洞……

災民餓死了扔進防空洞

談起一九四二年的那場大災荒，九十三歲高齡的李健永用四個字概括：「天災人禍。」

災荒剛起時，老家偃師還有樹葉樹皮吃，後來連這些東西都沒有了。當年年中，李健永來到洛陽謀生。

洛陽的情況比老家好不了多少，到處都是逃荒災民。李健永在洛陽南關的一所小學（今貼廓巷小學）尋到了差事，在學校做教導主任。

學校後面，是洛陽政府的捨飯場。他回憶，當年這樣的捨飯場洛陽有四個，一天爲災民提供兩頓飯，用鐵瓢盛，一人一瓢稀溜的麥絲湯。所謂麥絲湯，類似於麵粥，但原料卻是紅薯麵、玉米麵或大麥麵，「一把麵就能熬一大鍋，根本不耐饑」。

差不多每天都有災民餓死。死了就用席一捲，有的埋了，但大多數被扔進了防空洞。街上有一股腐屍的臭味，「日本人的飛機不時飛來，一拉警報就得往防空洞裏鑽，爲了活命，大家也就不管臭不臭了」。

即便到了餓死人的時候，官員們還是沒忘記斂財，「上報的時候，說餓死的人都是用棺材殮的。人都死了，他們還從中撈了一把」。

親歷洛陽災荒的李健永老人

火車站災民搶食物

那個時候，家裏沒啥吃的，李健永早晚幾乎都不吃飯，只有在中午，學校會管上一頓雜麵條。

「七八個人，只能吃不到二斤的雜麵條，混個半飽。」為此，李健永經常從微薄的薪水中，拿出幾毛錢買一兜紅蘿蔔，餓的時候就拿出來啃幾口。

在洛陽穩定下來後，妻子帶著女兒從偃師老家來看李健永。在火車站，久未看見年幼女兒的他，很奢侈地給女兒買了根油繩，女兒剛拿到手裏，就被人一把搶走，女兒嚇得大哭。

那人搶到油繩後，迅速往油繩上吐著唾沫，「我看那人挺面善的，估計他也知道那樣做不對，但是都快餓死了，顧不上臉面

火車站附近的災民

了」。

當時洛陽城內搶食物的人很多，火車站尤爲嚴重。「拿著吃的東西正走著，一不小心就被奪了去。」他們多爲外地來的災民，瘦骨嶙峋。

在等去「西省」火車的過程中，很多人將親人「安置」在洛陽或洛陽附近：年老的多處於餓死的邊緣，年幼的爲尋活路，或者送了人，或者嫁到了本地，「能有口飯吃，在當時成爲他們爲親人找人家的標準」。

到了秋季，吃的東西更少了，老百姓開始饑不擇食，釀成許多悲劇，其中最慘的要數「石頭麵事件」。

「石頭麵」撐死不少災民

一九四二年的冬天，在洛陽萬安山和龍門山附近山上，災民發現一種石頭，輕輕一撮就變成了麵粉狀，因此稱它爲「石頭麵」。

災民以爲老天爺顯靈，用這些東西來救老百姓的命了，都拿著布袋去山上背石頭麵，回家拿水和和，拍成片在鏊子上炕炕吃了。但那東西吃下去屙不出來，好多人撐死了。

到了這步田地，很多逃荒的人也不願再在洛陽待下去，便沿著隴海線繼續西行，往傳說中有吃食的「西省」奔去。

李健永回憶，一小部分逃荒者有固定的目的地，大多數都是隨波逐流，哪裏能塡飽肚子，就去哪裏。但就是沒人往東邊跑。雖然當時淪陷區的傀儡政府宣傳得很好，「但在災民心裏，在那邊待著就是亡國奴」。

就是憑著這股勁兒，無數河南災民向當時受災並不嚴重的西部鄰省逃去，「他們都說是去『闖西省』，但大多人根本不識字，也不知道所謂的『西省』是哪裏，只是跟著向西邊逃」。

在學校待了幾個月，李健永就被校長辭退。爲了謀生，他也隨著逃荒的人群往西奔去。

西逃大軍中，洛陽人並不多。在李健永記憶中，雖然洛陽災情跟豫東、豫中相比不算太重，但一些縣也餓死了人，可加入逃荒「大軍」的洛陽居民卻很少。他說，洛陽人比較愛面子，有著「餓死不逃荒」的傳統，除了做生意和上學，「闖西省」的非常少。

第三節　挖個洞就是家

今天有著「黃河明珠」美稱的三門峽，曾是擁有千餘年歷史的古城「老陝州」，現在則是河南的「西大門」，橫貫東西的隴海鐵路，從這裏蜿蜒出省。

七〇年前的冬天，一群餓得面黃體瘦的逃荒難民蜂擁而至，將「老陝州」街頭塞得滿滿當當，車站周邊充滿死亡的氣息。

在三門峽市會興車站附近，還保留著一些災民逃荒時居住的窯洞，不過經過數十年風雨，這些廢棄的窯洞都坍塌了，洞口長滿了雜草。

半小時車程，災民要走一周

二〇一二年八月初的一個下午，記者坐高鐵由洛陽前往三門峽，三十分鐘後即到達目的地。

另一路記者乘坐普通列車由洛陽前往三門峽。得知高鐵僅需半個小時，這位剛參加工作兩年的記者嘟囔著：「我們這趟火車晚點，跑了快兩小時呢，悶死了！」

如果回到一九四二年，置身於逃荒難民之間，我們或許會有另一種答案。

三門峽市政協文史委員會副主任石耘說，當年逃荒災民只有一部分坐上火車，更多的災民，則是沿著隴海鐵路線向西步行。他們有的挑著擔子，擔子兩頭是家當和子女，有的推著獨輪車，上面坐著年邁的父母，放著衣服被褥，一天下來，只能走四五十里路。

「洛陽到三門峽約一百三十公里，他們通常需要走一個星期。」石耘說，沿途的饑餓、恐慌，更是不必說了，雖然有些地方設有粥場，但畢竟「僧多粥少」，災民一般也不知道。

石耘所描述的場景，都是聽老人說的，這也是沒有親歷那種境況的人，所無法想像的。

就像剛才，坐在舒適的高鐵車廂裏，看著窗外一望無際的玉米地，和鬱鬱蔥蔥的花草樹木，記者始終無法想像災民逃荒的場景。比如，那遮天蔽日的蝗蟲；比如，那吃樹皮的無奈；比如，那拖兒帶女的艱辛……

逃荒途中找婆家，給兩饅頭就願嫁

三門峽境內多山，相對於豫東、豫中平原地區，蝗災要小很多。石耘說，蝗蟲繁殖能力非常強，據說一天能繁殖三代，而且牠是「直腸子」，前面吃後面拉，一群蝗蟲落下後，玉米稈瞬間就變成光禿禿、黑黢黢的「杆子」——黑黢黢的是蝗蟲糞便。

在平原地區，蝗蟲所到之處都是一掃而空，而三門峽多山，山溝裏田地較少，蝗蟲不一定都能找到，再者山上有樹葉，也「分流」了一部分蝗蟲，因此當地災情相對要輕很多，鮮有農民加入逃荒大軍。

據石耘瞭解，當年不少逃荒的農民，跑到三門峽後就不再西進了，尤其是一些年輕姑娘，都在這裏找到了婆家。

「那時不像現在要求有房有車，給兩饅頭就嫁。」石耘說，他老丈人的母親，就是那時嫁過來的。但更多的災民，卻不得不西進，一路上賣兒賣女的慘事多不勝數。

政府並未袖手旁觀。有些駐軍拿出部分軍糧救濟災民，政府也買糧施粥，一些富戶亦熬粥施捨。當時施粥有個標準，就是將筷子插入粥中，筷子不倒方爲達標。災民領到粥後，拿回去兌點水稀釋後全家人吃。

一九四三年春節，有富戶寫了一副春聯：「家富常備千石穀；德高珍惜一粒糧。」第二年春節，這副春聯開始在豫西流行開來……這也從側面反映，在那個年月，有口飯吃是一件多麼難得的事情。

車站旁挖個窯洞，那就是個溫暖的家

老會興車站，是三門峽市區最老的車站，也是當年逃荒的災民路過的站點之一。在老會興車站附近，有一個破舊的小賣部，平時賣些煙酒、飲料。不知不覺間，這個小店已開了半個世紀。

七十四歲的師玉銳是這個小賣部的店主。當記者沿著鐵道，一路尋訪見證一九四二年逃荒場景的老人時，他正和老伴坐在小賣部門口納涼，得知我們的來意，他和老伴相視一笑：「問我們，你算是找對人了！」

提到一九四二年，師玉銳脫口而出：「那是民國三十一年。那一年，我老丈人兩口子逃荒到這裏的。」

師玉銳說，老丈人老家在許昌鄢陵農村，一九四二年遭遇蝗災後，將女兒留給親

這個破舊的小店，朱桃花和老伴師玉鋭已開了半個世紀。

戚照顧，兩口子出門要飯，一路走到老陝州會興車站。在這裏，兩口子在車站附近挖了一個窯洞住下，然後在車站賣煙、水度日。

老丈人曾給師玉鋭說，他們當年是一路要飯走過來的，也有一些災民是坐拉煤車逃荒的。那些逃荒的，都挑著個擔子，一頭裝著孩子，一頭裝著衣服被褥，「和電視上演的一模一樣」。

留下的，就在車站附近賣賣小吃、開個旅社；留不住的，繼續往西跑。師玉鋭說，他丈母娘的姊姊一家，就逃到了寶雞。

師玉鋭所在的會興第四村民組，有十幾戶是當年逃荒過來的災民後人，大家起初也都是挖窯洞住，直到上世紀八

○年代末，才逐漸搬進新房。師玉銳很驕傲地說，他家一九八七年搬出窯洞後，建了現在的兩層小樓，當時只花了一萬元，擱現在，沒有二三十萬元下不來。

如今，災民們住的窯洞多已坍塌，周邊雜草叢生。很難想像，這一個個黑黢黢的窯洞，曾是逃荒災民跋涉千里辛苦得來的溫暖小窩，在這裏他們度過了一個個饑腸轆轆的日子，有的熬到了新生，有的卻走到了生命盡頭。

捆在樹上的孩子，都被殺了做肉包子

能留下的畢竟是少數，更多的人，爲了生計不得不繼續西行。

九十三歲的李鳳英，老家在河南鞏縣。一九四二年，鞏縣發生蝗災，玉米、麥穗

會興車站，現在是一個貨場，當年是逃荒災民路過的站點之一。

都被蝗蟲吃盡。她和丈夫一起逃荒到陝縣觀音堂，在車站附近挖了一個窯洞住下，算是正式「定居」了。

一九四二年的見聞，讓李鳳英刻骨銘心。那一年，觀音堂車站裏聚滿了逃荒的人，因爲火車很難擠上去，一些人將孩子拴在車站附近的樹上，任憑孩子哭得昏天黑地，義無反顧地走了。

「可憐那些孩子啊，都被逃荒的災民殺掉吃了，有的還拿去做了人肉包子賣。」李鳳英哭著說。有人將被殺孩子的帽子收集在一起，足足有一簍子。而那些逃荒的災民，吃到指甲後才知道是人肉包子，但也無可奈何，在當時這種情況太常見了，也沒有人管。

那一年，在鞏義的公婆，將無力撫養的小兒子送人了。陝縣觀音堂也遭遇蝗災，家裏糧食快吃完了。李鳳英帶著正在吃奶的大女兒，從觀音堂坐上拉貨的火車，前往潼關找在鐵路上當裝卸工的丈夫。一路上，到處都是逃荒的人群，路邊的樹木基本上都沒皮

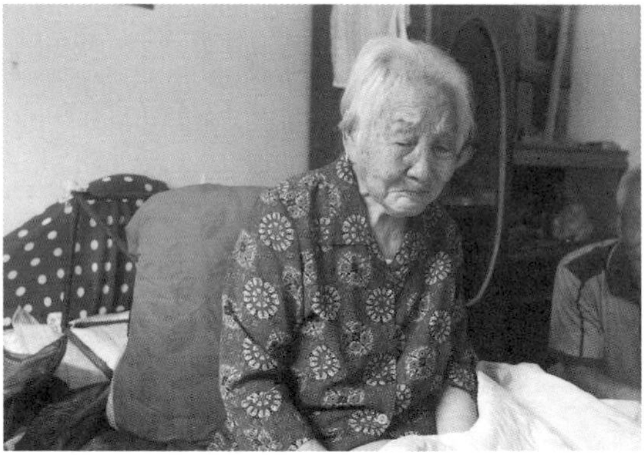

九十三歲的李鳳英想起當年被殺掉做了人肉包子的孩子，忍不住落淚。

大饑荒中的孩子們

了——全被災民刮掉吃了。

在潼關下車後，正趕上日軍飛機扔炸彈，一面牆轟然倒下，將她們母女倆掩埋，「我拼命爬了出來。女兒嘴裏全是土，都快沒氣了，我將土摳了出來，最後總算救過來了」。

「餓肚子不說，指不定啥時候一顆炮彈就落在身邊。」李鳳英說。

熬過一九四二年的災民，無一不經歷過九死一生。

第四節 尋夫途中被拐賣

一九四二年的那場大災荒，使得周巧雲與丈夫及尚在襁褓的幼子分離，此生未再相見。

提起七十年前那場親眼目睹、親身經歷的人間慘劇，周巧雲眼淚流個不停，她說年輕時經歷的苦痛，一輩子都不能忘記。

七十年前一別，此生未見

定居在老會興車站附近的周巧雲，今年九十歲高齡，老家洛陽孟津。民國三十一年，只有二十歲的她被人拐賣到此地，當時她已是一個兩歲男孩的母親。她說，那場大災荒改變了她一生的軌跡，「在老家都有孩子了，丈夫也很能幹，家裏在正常年景裏過得還算不錯。」

談起民國三十一年，周奶奶渾濁的雙眼變得明亮起來。不等記者發問，周巧雲的回憶一瀉千里。

周巧雲幼年喪父。因無錢為父親購置一口薄棺，父親的遺體只得被封在房子的牆裏，這一封竟是十幾年，「死人活人住在一起」。加上在村裏是單門獨戶，婚後的她一直不為婆婆所容。

為了讓妻子能在家裏抬起頭，兒子出生後不久，丈夫便離家去襄郟縣（今襄城與郟縣的舊稱）的一個花店裏做學徒。誰也沒想到，民國三十年年初她送別丈夫後，這輩子再也沒能見面。

民國三十年，由於年初的乾旱，麥子的收成只有正常年景的一半。獨自在家裏幾畝薄田裏辛苦了大半年的周巧雲，本指望秋糧能接上虧空的口糧，可臨成熟時，玉米又遭遇了幾十年不遇的蝗災，幾乎絕收。在家苦苦拉扯孩子的周巧雲只得隨著大夥兒，去地裏挖野菜，擼樹葉，刮樹皮，勉強果腹。

轉眼就到了陰曆的臘月二十三，苦撐了幾個月之後，家裏終於斷糧了。看著床上餓得直哭的孩子，她硬著頭皮去求婆婆。由於平日裏並不和睦的關係，求助只能以爭吵結束。

走投無路時，周巧雲只得大著膽子，計畫帶著丈夫留下的幾塊錢和寫有丈夫工作地址的信封，去找丈夫。

民國三十年臘月二十四，陰天，周巧雲一大早就動了身。「走時孩兒還在被窩裏睡著，我給他買了一張雜糧餅，放在了床邊。」她本來打算，找到丈夫後回家過個團圓年。

她沒想到的是，與孩子的這一別，竟成了永訣。

路遇歹人，被拐賣到會興鎮

因從未出過遠門，不識字的周巧雲只能憑著丈夫之前的描述和信封上的地址，朝目的地大致的方向邊走邊問。

她記得，動身的頭天晚上是借宿在鞏縣回郭鎮一個好心的大媽家裏，「我幫她做了一鍋菜糊塗（摻有野菜的玉米糝稀飯），吃過以後她就勸我回家，說你一個年輕婦女，別遇見壞人了」。經大媽一提醒，周巧雲也覺得，自己的離家有些唐突。於是她決定，第二天一早回家，不再去找丈夫。

第二天一大早，告別了大媽，周巧雲沿原路返回。行至南蔡莊，在路邊休息時，她想到回家後的日子和自己長久以來的委屈，「越想越難受，我就開始哭。莊上一個人問我，『小妮兒哭哭啼啼的是不是跟家裏生氣了』，我沒理他，他還勸我『沒有過不去的坎』」。

幾句寬慰的話使涉世未深的周巧雲放鬆了警惕，向對方傾訴了自己的遭遇後，對方稱自己正好要去襄郟縣，「說能順路捎上我」。周巧雲輕信了對方的話，便改變主意跟隨此人去找丈夫，「當時咋會想到他是個人販子？咋會知他把我賣到會興？」

不知道目的地在何處的周巧雲隨著那人，來到了洛陽火車站，生平第一次坐上了火車。當時車站裏到處是逃荒的人，角落裏堆著餓死的人，「沒人管」。

在車上，周巧雲幻想著見到丈夫的場景，既高興又害怕，「也想過那人會不會騙我，但沒想到他會把我賣了」。

不知道坐了多長時間，火車終於在一個小站停下，那人告訴她，到了。

九十歲高齡的周巧雲，老家洛陽孟津。

出站後男人對她說了實情：這裏不是她的目的地，而是會興鎮，領她到這裏來是爲了賣她，是爲了籌錢贖自己被抓了壯丁的女婿。「我一聽懵了，躺在地上哭著求他把我領回去，可邊上已經有兩個當地的人販子接我，見我哭就把我鎖在了車站外頭的屋子裏。」

之後幾天，白天周巧雲在屋子裏哭鬧，夜裏被人販子帶去不同的人家。最終，她以二千塊錢，被賣給了大她十六歲的會興鎮人謝某，「都是窮人，那二千塊錢還是借別人的。窮人幫窮人，要是他不買我，我就有可能被賣到妓院裏去」。說起已經去世的老伴，周巧雲滿是感激。

謝某是會興鎮的老戶，在火車站附近還有個小飯館。簡單的婚禮之後，她開始在餐館裏給後來的丈夫幫忙。

人禍多於天災，親人多分離

在餐館幫忙的日子裏，她見到了很多苦命的逃荒人。

「碰到要飯的，我都會多給他們一些，逃荒人都不容易。」周巧雲說，他們不僅要經受饑寒的折磨，還要受車站附近的惡人欺負。

「民國三十一年的秋天，一家懷慶府逃荒的人讓會興鎮上的惡霸給弄得家破人亡了。」周巧雲說，那幫人在保、甲長的帶領下，整天幹一些壞良心的事情。

周巧雲只記得，那家有一雙兒女，大的是四歲的小妮兒，叫毛蛋，小的兩歲多，是個小子，叫毛孩。這家人家裏遭了災過不下去了，去投奔寶雞那邊的親人，「到了這裏後，好好的家被毀了」。

「我看到的時候，壞人正用繩子套毛蛋爹的脖子，之後他就從火車上被拉了下來。」周巧雲說，藉口就是小孩兒尿到了不該尿的地方，「他們本來沒啥事的，就因爲小孩急著尿，一家人就從火車棚子上下來了，毛蛋爹剛把老婆孩子推到車上，自己還沒上去，就被拉了下來。」

孤獨的災民

倒在地上的饑民

見丈夫被人拉下來了，年輕的妻子帶著兩個孩子從火車上艱難地爬了下來，她哭著跪在那幫壞蛋們的面前，從包袱裏拿出薄薄的一沓錢，說『俺交罰款還不中，讓俺走吧』，她都不知道人家就是看上她了，那只是個藉口。」

隨後，保長拿了女人的錢依然不放過他們。在同夥的幫助下，這一家人被帶走——丈夫被賣去部隊當了壯丁，妻子則被賣給了會興鎮上的一個地主，做了人家的小老婆。

「後來毛蛋媽設法給在寶雞的親戚捎了信，那邊也過來人了。但毛蛋爹到最後也沒找到，毛蛋媽不久便瘋了，被親戚接走了。」說到這，周巧雲老人用手帕拭了拭濕潤的眼眶，「一個好好的家就這樣毀了」。

十幾年後，她才得知兒子夭折了

在會興的日子裏，周巧雲老人無時無刻不在思念她年幼的兒子，因爲改嫁，她不願再提及自己原來的丈夫。

「解放後那些惡人都被逮起來了，有幾個還被槍斃了。」周巧雲說，這時她才給後來的丈夫提起原來自己家裏的事情，「我說在老家還有個孩子，他（老伴）知道後沒說什麼，沒幾天便托人去孟津那邊打聽」。

老家傳來的消息卻讓她措手不及。年幼的兒子在她離家後不久，出痲疹夭折了。「我都不知道當時是怎麼過來的，哭，就是哭。心裏覺得對不起他。還沒吃過一頓飽飯，就沒了……」

隨後，老家原來的丈夫也托人捎來了信兒，「十幾年了，他沒想到我還活著」。原來，在周巧雲離家後，丈夫便從工作地回家尋她。久尋無果，前夫在母親的逼迫下又娶了一房妻子，「他捎來信兒說，『現在你也嫁人了，我也又成家了，就別再提過去的事情了……』」

很長的一段時間裏，周巧雲老人都不願意回憶以前的悲慘遭遇，也就是看到小孩子不珍惜糧食的時候，才會提及一些當年的事情。

採訪快結束時，老人說，自己的這一輩子，沒有沒吃過的苦，也沒有沒受過的罪。

第五節　荒蕪下來的客車站

歲月更迭，「老陝州」早已換了模樣，當年的遺存被蕩滌一空，故地難以尋找。發生在平民百姓身上的災難故事，以及故事所依附的建築，總是輕易地在歷史長河中逐漸淡去，直至變成一片空白。

與人類的健忘不同，西伯利亞的白天鵝，已深深記住了這座新興的中原城市。每年入冬到次年初春，它們都會如約前來越冬，三門峽也因此有了「天鵝城」的美譽。

平民的災難，歷史中總難尋痕跡

三門峽市是一九五七年伴隨著萬里黃河第一壩——三門峽大壩的興建而崛起的一座新興城市，也是距黃河最近的一座城市。

每年入冬以後到次年初春這段風寒雪飄的季節，這裏總會迎來西伯利亞的白天鵝。在三門峽庫區碧波蕩漾的湖面上，成千上萬隻白天鵝自由自在地飛翔、嬉戲，安詳地休養生息。

三門峽有許多傳說：禹鑿三門、紫氣東來、周公分陝，更有關雲長收周倉，老子著《道德經》等。相傳，大禹治水時，鑿龍門，開砥柱，在黃河中游這一段形成了「人門」、「鬼門」、「神門」三道峽谷，三門峽即由此得名。

千年前的歷史典故，三門峽人都耳熟能詳，而提起七十年前的那場大逃荒，更多的人則是一臉茫然。

對一九四二年的逃荒記載，三門峽的文史資料記載很少，且都是親歷者對捕捉蝗蟲的回憶，當年那支浩浩蕩蕩的逃亡大軍，是怎麼經過這裏的，僅有隻言片語提及。

一路上，記者也在努力尋找與一九四二年有關的痕跡：比如與之相關的火車站建築，希望借此找到附著的逃荒故事。按照常理，建築物比人更長久，但結果讓我們無奈。

兩路西行記者分別在三門峽南站、三門峽站下車，這兩個火車站，都不是當年災民逃荒時所經過的火車站點——三門峽南站於二〇一〇年完工，而三門峽站也是一九五九年隴海鐵路改線後所建。

三門峽火車站站長劉根順說，他到這裏任職也只有幾年光景，就連三門峽站的歷史也知之甚少，更別提一九四二年這裏火車站的情況了。

發生在平民百姓身上的災難故事，以及故事所依附的建築，總是這樣，輕易地在歷史長河中逐漸淡去。

客車不停的場站，誰知曾人頭攢動

很多老人提到逃荒經歷，都繞不開觀音堂、會興、靈寶、閿鄉等火車站點。遺憾的是，這些當年興極一時的火車站點，如今大都風光不再，有的甚至已徹底消失，彷彿不曾存在過。

建於一九一五年的陝縣觀音堂車站，曾是災民西逃的必經之地。二〇一二年八月初，記者探訪觀音堂車站時，當年的售票候車廳、站臺，早已被辦公樓取代；最古老的建築，是建於一九四九年的一座抽水站房，周邊的荒草有一人多高。有著十幾條鐵軌的車站內，只停著三列貨車，好不容易看到一列客車開了過來，卻是鳴笛高速通過。

「以前客車到這裏都要停的，現在變成貨運場站了，只有貨車在這裏停靠。」觀音堂車站裝卸隊隊長趙先生說。

曾經人頭攢動的觀音堂車站，現在客車過站不停。

觀音堂車站最古老的建築，是建於一九四九年的一座抽水站房。

一九四二年，觀音堂車站至會興車站鐵路時斷時續，很多逃荒災民都是坐車到這裏後，向西步行至會興車站，再乘車西逃。那種人頭攢動的上下車場景，已一去不復返。

經歷這種滄桑巨變的，還有建於一九二七年的會興站。會興站位於黃河南岸，鄰近的會興渡，曾是豫西、晉南物資交流的水上通道和軍事要地，《爲了六十一個階級弟兄》中描寫的黃河夜渡情景就發生於此。

特殊的地理位置，使得這裏異常繁華。在戰爭和自然災害夾擊的一九四二年，這裏更是人滿爲患。車站周邊賣小吃、紙煙的到處都是，很多旅館和商店不分晝夜營業，生意相當紅火。

而今，會興車站周邊早已失去當年的繁華，廠站鐵門緊閉，高高的煤山和幾列裝滿煤炭的車皮，讓這裏不至於顯得那麼空洞；寂靜的院子裏，偶有一點聲響，就會驚起看門狗的吠聲。昔日繁華的會興站，已被一公里外的三門峽站取代。

相對於觀音堂、會興站，靈寶站的變化更爲「徹底」。當年的靈寶老縣城，已成一望無際的玉米地，一九三一年啓用的靈寶站更是無處可尋——一九五九年九月，因修建三門峽水庫工程，靈寶縣城西遷至二十多公里外的虢鎮（今靈寶市區）。

倖存八十年的老車站，現已破敗不堪

身處農村的閿鄉車站，逃過了城市拆遷之劫，儘管已破敗不堪，但部分站房得以保留。

閿鄉車站也是災民坐火車西逃的必經之地。資料顯示，一九三〇年十一月，靈寶至潼關段鐵路動工修建；次年十二月，靈寶車站和潼關車站慶祝通車。由此可以判斷，閿鄉車站約建於一九三一年。當時閿鄉還是一個縣（一九五四年六月撤銷併入靈寶縣），後因修建三門峽水庫工程，老閿鄉縣城被一分爲二，變爲閿東、閿西兩個行政村了，均隸屬靈寶市西閻鄉。

幾經輾轉，記者一行找到了緊鄰三百一十國道、隱匿於村莊之中的閿鄉車站。閿鄉車站是青磚瓦房結構，房頂有兩個煙囪，牆壁三面用繁體字寫著「閿鄉」二字。歷經風雨的閿鄉車站，由喧囂歸於沉寂，售票廳木門緊鎖，門口堆放著幾捆樹棍，其兩邊的廂房，也都被村民改造成住房。

在一村民家的院子裏，搬開一大扇木板後，記者進入車站售票大廳，裏面堆滿了村民家的廢棄傢俱，當年的售票窗口還保存完好，但屋頂張開了一張張大口，斷裂的天花板木板懸在房屋上方，隨時可能掉下。

歷經風雨歸於沉寂的閿鄉車站

售票窗口的另一邊，被村民改造成臥室，一張寬闊的大床擺在售票窗口的下邊。村民李文兵指著牆壁說，七〇年代粉刷牆壁時，牆上還有列車運行時刻表和票價，「一九四二年那會兒，我母親就在車站賣燒雞。父親前年剛去世，九十四歲，他經常講那時的事兒，我們都不愛聽」。

七十一歲的村民郭丙啓說，他老家在鄭州侯寨，一九六〇年才來到這裏；當時鐵軌已經拆除，只剩下沙子，而今的三百一十國道（靈寶市西閻鄉至豫靈鎮段），約四十公里路程全是沿著當年鐵軌鋪成的。

第六節 古道深轍

西元七五九年，四十八歲的杜甫被貶華州，赴任路上投宿石壕村，遇吏夜捉人，寫下不朽詩篇《石壕吏》。

時光穿越到一一八三年後。杜甫如果夜宿石壕村，或許他會完成另一篇不朽之作：「逃荒記」——一九四二年災民步行西逃，與石壕村相鄰的崤函古道是必經之地。

三門峽市政協文史委副主任石耘說，陝縣的崤函古道、靈寶老縣城的涵洞，這些倖存的遺跡，無一不見證了當年災民逃荒的艱辛與坎坷。

艱辛：西行步步難，古道車轍深

二〇一二年八月初，一個燥熱的中午，記者從三門峽市出發，向東循著三百一十國道尋找崤函古道。

崤函古道位於陝縣境內，距三門峽市區三十六公里。資料顯示，崤函古道自先秦時期形成，起於潼關，西出西安（長安），東出漢函谷關（位於新安縣城東）到洛陽，全長約二百二十公里，爲古代中原通往關中的咽喉，兩周和漢、唐時期爲名副其實的京畿大道，也是我國古絲綢之路上一處極其珍貴的文化遺存。

三門峽市政協文史委副主任石耘說，一九四二年，隴海線火車時斷時續，崤函古道是災民西逃的必經之路。這裏道路崎嶇險峻，《水經注》裏描述其險至「車不並轅，馬不並列」；唐太宗李世民詩稱「崤函稱地險，襟帶壯兩京」，由此可見災民逃荒之路的艱辛。

幾經打聽，在三百一十國道一側，記者找到了崤函古道遺跡的入口。沿著高低不平的土路行進不到半公里，越野車再也無法前行，一條石溝映入眼簾，這就是崤函古道。

曾經的通衢大道崤函古道

崤函古道遺跡位於一座馬鞍形的山梁兩側，現存遺跡長約一百五十米，路面寬三米至六米，車轍寬約一點零六米，轍痕最深處可容下一個成年人側臥，係車輪在原自然石灰石質山坡上長期碾軋而成。石道上還有一些碗口大小的坑，據專家考證，這是歷經馬車、牛車等古老的交通工具千年碾壓的結果。

「當年很多災民推著獨輪車，上面載著孩子和衣服被褥、鍋碗瓢盆，車輪壓著轍痕，沿著這條古道西逃。」石耘說，推著獨輪車在溝壑交錯的古道上行進，可謂步步艱辛。

站在山頂，閉上眼睛，排兵佈陣的車轔轔馬蕭蕭、災民西逃的惶然淒慘、和平年代的稻穀飄香，幾種不同的場景在腦海交錯，構成了崤函古道風雨千年的滄桑形象。一種感慨油然而生：風調雨順、天下太平，永遠是百姓之福祉。

驚險：涵洞半塵土，掩埋幾孤魂

如果說行走崤函古道，災民體驗的是艱辛，那麼乘車穿越靈寶老縣城涵洞，感受到的或許只有驚險。

靈寶老縣城西南邊，是弘農澗河鐵橋及魏函谷關火車涵洞東口，當時在洞口北側數十米處即是黃河岸邊（後來黃河向北改道，現距離洞口有兩公里多），是隴海鐵路與黃河距離最近的路段。爲躲避黃河北岸日軍炮火，這裏修築了一道丈餘厚的防護牆。

靈寶市退休幹部焦興華回憶，如果黃河北岸日軍打炮，列車就藏匿在防護牆南側。待新一輪炮擊來臨之前的間歇時刻，列車開足馬力，飛速前進，快衝進涵洞時，才歡快地鳴笛，「那時有『闖關車』一說，這裏就像是生死關」。

後來，由於遭到日軍炮擊，火車由城北改爲繞道城南，但這並不意味著逃荒難民在靈寶段就安全了，因爲他們還要面對兩次考驗。

首先，縣城西南邊有座弘農澗河橋，這座橋是木架結構（原來的鐵橋被日軍炸毀），因是臨時工程，品質差，不時發生列車脫軌事故，災民能否安然過橋，猶未可知。其次，由於逃荒災民都是坐在火車頂部，上面擺放的獨輪車等行李超寬或超高，過涵洞時經常會連車帶人被掃下車去。

「快過涵洞時，老鄉們都相互提醒『過洞了，注意啊！』」靈寶縣大王鎮許滿弟說，魏函谷關涵洞和很多涵洞一樣，都有不少屈死的冤魂。

時隔七十年，昔日的靈寶縣城早已變爲一片莊稼地，當年的魏函谷關涵洞的位置，已逐漸被人淡忘。幾位在此居住了三四十年的村民，帶著記者尋找了半天卻一無所獲。

就在記者一行失望之際，函谷關鎮孟村北寨小伙張江龍騎著摩托車趕過來：「下面的棗園是我家的，我經常在那裏幹活兒，涵洞就在棗園裏。」

魏函谷關涵洞就在棗園一隅，由於周邊地勢抬升，涵洞幾被泥土吞噬，只剩下頂部一小部分，成年人必須貓著腰才能進入。這個曾經庇佑過多少列火車、又掃下多少災民的涵洞，逐漸被歷史的塵埃掩埋。

魏函谷關涵洞，由於周邊地勢抬升，涵洞幾被泥土吞噬，只剩下頂部一小部分，成年人必須貓著腰才能進入。

第七節　火車兩邊的人肉掛

西行的火車緩緩駛入潼關站，兩側的「人肉掛」讓人怵目驚心，那是被日軍炮彈震死的災民。

這種場景之於災民已習以為常。來不及等人將屍體取下，大家都擁上前去，爭先恐後地往車上爬，儘管不知道等待自己的是什麼，但他們都有一個共同的願望：離開這裏，越快越好。

七十年前的事情，對於潼關縣秦東鎮膠泥溝村村民宋鵬飛，依稀發生在昨天。

屍臭夾雜著呻吟，車站變成人間地獄

一九四二年冬，一撥撥人流或坐車或步行，擁向古城潼關。

潼關地處豫、秦、晉三省交界，歷來是邊防要塞，曾與山海關齊名，被尊爲古關隘之翹楚。民國時期，隴海鐵路經過潼關，與著名的風陵渡口隔黃河相望，是水、陸運輸樞紐，往來商客衆多，每天都有集市，有「小北京」之稱。

這個小城對擁擠的人群並不感到稀奇。然而，十歲的當地孩子宋鵬飛，看出這撥人流與以往不同——多是舉家而出，基本都來自河南。看得出來，這是一支逃荒隊伍。

孩子饑餓的哭聲，大人吃壞肚子的呻吟聲，空氣中彌漫著屍體腐臭味兒、尿臊味、屎臭味，車站已變成人間地獄，一幕幕悲慘的事情，在這裏輪番上演。然而，一撥撥的災民，又前赴後繼地奔向這裏。

一路走來，災民擔子上只剩下孩子和衣服被褥。車站周邊的樹已經是白花花的，樹皮都被饑民刮掉吃了。包子鋪經常發生災民偷搶包子的事情，店主對每一個靠近的人充滿警惕。

主城區有政府「捨飯」，遠處的居民可以領到一碗稀飯，近處的居民可以領到稠一些的，可難民進不了城，根本就吃不到嘴，只能在火車站附近乞討。然而，這時的居民對敲門聲已經麻木，除非是熟悉的聲音，否則誰也不敢開門，誰也不知道門一開會湧進來多少乞討的災民。

一些逃荒災民，試圖將自己無力撫養的孩子送人。潼關每個需要孩子的家庭，都如願收養到了孩子。解放後十幾年間，還不斷有人前來尋親。

車兩邊都是「人肉掛」，災民還爭相往上擠

宋鵬飛見過蝗蟲，但他想像不出，那麼弱小的蝗蟲，飛起來怎麼能遮天蔽日，怎麼能從人的嘴裏搶走莊稼，以至於人們餓死的餓死，逃荒的逃荒。

而車站裏，一個震撼的畫面，讓年幼的宋鵬飛忘記了蝗蟲，充滿了恐懼——由東向西駛進潼關車站的火車兩側，都披滿了「人肉掛」，有的甚至被風乾了，就像臘肉一般。

從人們的交談中得知，火車行進中，經常遭到日軍的飛機襲擊。在黃河北岸的山西風陵渡，日軍架了炮臺，對準縣城這邊轟炸，炮彈雖未命中列車，但其形成的衝擊波，卻將扒在車上的災民震死不少。

「日軍的炮彈威力猛、傢伙大，有三百六十斤，老百姓都叫它『三百六十』。」宋鵬飛說。沿途無人處理列車上的屍體，便有了他們所看到的「人肉掛」。

讓人驚駭的是，掛滿「人肉掛」的列車還沒停下，在車站等候已久的災民，彷彿沒有看到「人肉掛」一般，都迫不及待地擁上前去，爭先恐後往車上爬。

是他們見慣了死亡的慘烈，還是求生的欲望戰勝了內心的恐懼？宋鵬飛不知道答案。

涵洞曾是災民避難所，也是葬身地

潼關老縣城的山坡上，較好地保留著一處鐵道涵洞。

這個涵洞位於半山腰，如今已被一個院落包圍。大門緊鎖。涵洞上方是一座高聳入雲的大山，穿過一側陡峭的樹林，記者來到了洞口。

涵洞入口被人用紅磚砌了起來，並安裝了木門和兩個窗戶，如果不是上方寫著「一九三二 民國二十一年」、「NO.17」字樣，很容易會讓人以爲這裏就是一處普通的窯洞。

洞裏的石子和鋼軌，已不復存在，水泥地面平整乾淨，一塊一米多寬的木板上，放著兩張撲克牌，牆壁一側

一處保存良好的鐵道涵洞，洞上方寫著"民國二十一年"、"1932"等字樣。

有電線和電燈。開燈，儘管不亮，但能感覺到這裏經常有人活動。站在洞口處，看不到涵洞有多深，只感覺到陣陣夾著霉腐之味的涼風，從裏面撲來。攝影記者打開閃光燈拍了一張照片，只見裏面依然是深不可測。

宋鵬飛說，這個涵洞之於逃荒的災民，既是一個避難所，也是葬身之地。一方面，由於日軍的飛機、大炮經常轟炸潼關縣城，一聽見轟隆的炮聲，火車會趕緊倒回進涵洞，待炮聲稍停，火車就加足馬力，快速駛過前面的鐵路橋，到達不遠處的潼關車站。這個涵洞，使得搭載災民的火車躲過了無數次炮彈襲擊。另一方面，很多火車頂上的災民，由於行李超寬超高，過洞時被掃下車去，直接掉進車軌下。列車過後，落車的災民早已血肉模糊。

老縣城拆遷，火車站只留在記憶裏

這七十年間，宋鵬飛所在的潼關縣城，發生了翻天覆地的變化。一九五九年起，由於過高估計了三門峽水庫蓄水水位，潼關人開始向新縣城搬遷，千年古城一夜間成了空城。後來黃河水並沒淹沒老縣城，一部分人又搬了回來，但幾經拆毀，老城曾經的繁華已無法恢復。

宋鵬飛居住的地方，現在叫秦東鎮膠泥溝村，相鄰的老火車站早拆毀殆盡。遺址上方，西潼高速橫穿而過，到西安僅需一個多小時。而這一段路程，在災難頻仍的上世紀四〇年代，即便坐火車也需要差不多一天的時間。

當然，在那個年代，能坐上火車，對災民來說已經很幸運了，至於時速、舒適、安全，在當時的條件下根本無暇顧及——人們只知道生路就在前方，無論多麼危險，只能一路向西。

膠泥溝村入口處，有兩個光禿禿的水泥墩，上面種上了玉米、蔬菜。村民孫萬民說，這就是以前的鐵道橋墩，也是唯一保留下來的火車站遺跡。

「小北京」的稱呼，隨著潼關故城的衰落一去不返，歷史深處金戈鐵馬的潼關早已不復存在，那段輝煌的過去也逐漸被淡忘。

一起被淡忘的還有，商代時潼關被稱作「桃林」，每到春天，百餘公里的桃花競相爭豔。

第八節　尋找日軍炮臺

從洛陽扒上火車，災民朝著心中的希望之地「西省」前行。兇險只是剛剛開始。從老陝州會與到潼關，黃河北岸不時飛來日軍炮彈，熬過饑餓扛過風雨的災民，又面臨著新的考驗。

為避開炮彈襲擊，行駛到日軍射程範圍內，火車會等天黑後出發，不冒煙、不鳴笛，危險路段提前熄火滑行。冒險通過這段路的火車便被稱為「闖關車」。

這個「關」，不只是指函谷關、潼關等「關口」，更多地有「生死之關」的意味。

炮火之下的「闖關車」

提到災民逃荒經歷，先得回顧一下當時的中國戰況。

一九三七年底，山西全境被日軍佔領。由於黃河天塹的阻擋，加之中國軍隊將士的抵抗，在陝豫晉三省交界處，兩軍開始了長達八年的對峙。

爲破壞國民政府東西之間的物資運輸，黃河北岸的日軍安設大炮，火力封鎖隴海鐵路。此後，一過老陝州會興車站，隴海鐵路上疾駛的火車就成了「啞巴」：不冒煙，不鳴笛，在安全路段加速行駛，危險路段則憑藉慣性在鐵軌上滑行。進入日軍大炮射程後，更多的火車會選擇停下，等天黑了再出發。

這些火車，都被稱爲「闖關車」——在中國，人們習慣把難以度過的事件稱爲「關」，這個關不只指著名的函谷關、潼關等「關口」，更多地有著「生死之關」的意味。

事實上，除了炮火這一「關」，還有另一「關」在等著災民。

入夜時分，在行進列車的搖晃下，饑困交加的災民早已進入夢鄉，他們不知道另一種危險正在逼近。

災民逃荒中，獨輪車等東西，都不捨得扔掉，會想盡辦法帶到車上，導致行李超寬超高，在進隧道時，往往會連人帶行李被掃到列車之下。

現在西安定居的逃荒災民郭存壯說，過靈寶函谷關隧道前，他還和一位老鄉坐在車頂上說話，過了隧道，那位老鄉就找不到了，想來凶多吉少。

一　探日軍炮臺無功而返

日軍的大炮由黃河北岸打來，那炮臺在哪裏？

早在三門峽採訪時，當地政協文史委主任石耘曾提到，幾年前去山西芮城縣政協交流時，有人講到日軍曾架著大炮，在芮城的黃河邊上炮轟隴海鐵路火車，那裏還保留著當年的炮臺。不過，由於時間的原因，他沒能前往參觀。

二〇一二年八月十日下午，得知記者一行要去看日軍炮臺，石耘有些興奮地要求隨行：「我們也想收集這方面的資料。再晚了，就來不及了。」

出發前，熱情的石耘就聯繫好了芮城縣政協的朋友。在對方的帶領下，一行人來到與老靈寶縣城隔河相望的一個小村子。站在黃河北岸的山嶺上，對面的老虎頭嶺看起來雄偉挺拔，在它的作用下，黃河水往北流去，這保證了老靈寶城的安全。

黃河灘邊燒炭的一位老人稱，幼年時曾在黃河岸邊見過日本人架炮的東西，但後來這裏成了耕地，「啥都沒了」。

芮城溝南村八十七歲老人張高偉說，當年他曾親眼見過日軍的大炮，但沒聽說有炮臺。大炮是由一輛履帶裝甲車拖著，每天天不亮從炮樓附近拖出來架好，朝河南岸的老虎頭開炮，還把靈寶的火車橋打壞了，「國民黨軍隊在老虎頭上也有大炮，這邊一打那邊就還擊」。

「芮城這邊應該有日軍炮臺的。」石耘說，二〇〇五年，一位當過國民黨炮兵排長的老人告訴他，曾有戰友將炮彈打進河北岸日軍大炮炮筒裏，日軍才收斂氣焰，炮擊河南的次數也變少了。

讓石耘遺憾至今的是，那次見面次日，靈寶市政協文史委的工作人員上門拜訪時，老人已去世了，詳細的資訊已無從得知。

再探炮臺仍無所獲

時隔三天，在潼關老縣城附近採訪時，八十歲老人宋鵬飛也提到日軍大炮襲擊火車，很多逃荒災民爲此喪生。

宋鵬飛說，在黃河北岸的風陵渡，日軍曾架設炮臺，「炮彈有三百六十斤重。聽說，日本人在中國總共有兩門這樣的炮，其中一門就架在風陵渡」。

風陵渡在山西省芮城縣西南端，處於黃河東轉的拐角，是山西、陝西、河南三省的交通要塞，自古以來就是黃河上最大的渡口。金人趙子貞《題風陵渡》詩云：「一水分南北，中原氣自全。雲山連晉壤，煙樹入秦川。」

風陵渡名字的來歷衆說紛紜：一是附近有軒轅黃帝賢相風后之陵；二是大風河冰，即大風和冰形成風陵二字；三是因女媧陵而得名，女媧姓風；四是因爲這裏有古代封陵。

次日一早，記者一行趕到山西省芮城縣風陵渡鎮。一名散步的老人說，聽說當年日本人的炮臺就設在風陵渡渡口附近的山上。

由於目的地不是十分明瞭，記者只得在前往風陵渡渡口的路上，沿途打聽炮臺的具體位置。在風陵渡西王村，一位老者稱，日軍的炮台就設在緊挨渡口的鳳凰咀上。

鳳凰咀位於風陵渡渡口北邊，從潼關老縣城看，就像平原上矗立的一座高大城牆，黃河從山腳下奔湧而過，在山頭向潼關打炮，可謂居高臨下。

山腳下的小商店裏，六十三歲的店主劉勝太證實，鳳凰咀上確實有日軍炮臺，他家就在山上面。他沒事就喜歡到山上閒逛，前兩年還撿到過迫擊炮炮彈，碗口那麼粗，有一尺多長，現在還放在家裏。

鳳凰咀山頂，已變成了莊稼地，玉米、綠豆、棗子等收成喜人。一圈轉下來，卻找不到炮臺的丁點痕跡。

從鳳陵渡渡口北邊的鳳凰咀俯瞰，黃河從山腳下奔湧而過。

山溝裏的炮臺已變成菜地

是沒找對地點，還是炮臺已被老百姓推倒復耕了？

帶著滿腹疑問，記者一行心有不甘地往山下走，一路依然沒放棄打探。

在鳳凰咀西邊的山腳下，看護提灌設備的風陵渡趙村村民楊志斌說，鳳凰咀山那邊，有一個大炮溝，以前有一臺日軍的大炮，夥伴們經常在大炮裏玩兒，現在大炮早已不在。

根據老人的指點，記者來到了鳳凰咀山那邊的趙村，輾轉打聽，找到了七十四歲的楊百升老人。

楊百升說，趙村有兩個溝，一個叫前溝，另一個叫後溝，十幾個日軍入侵趙村後，在這裏安營紮寨，並在後溝建了一個炮臺，往潼關方向打炮，所以老百姓將後溝也喚作「大炮溝」。

「聽說，在我們村裏的大炮叫『要塞炮』，在中國只有兩臺，非常重要的地方才有。」楊百升說。聽大人講，一發炮彈就有三百多斤重，大炮一響，他家的房子晃得嘩嘩嘩地掉土。日軍投降時將大炮破壞了，十幾米長的炮管被炸成了兩截，一頭倒在地上，楊百升和小夥伴把炮筒當成了滑梯，經常往裏面鑽。

一九五八年大煉鋼鐵時，大炮被拆除煉鋼，炮臺也被村民推平做菜地了，「炮臺是松木和鋼筋鐵條做成的，大炮就固定在炮臺上。」

在楊百升的帶領下，記者找到了炮臺所在位置，但已找不到一絲痕跡。

炮臺處於低窪地帶，四周山坡成了其天然的掩體，從選址來說，可謂用心良苦。

第九節　逃荒少年已四世同堂

經歷過九死一生後，很多災民逃到了夢想中的「西省」——西安。

夢想總是很豐滿，現實總是很骨感。在西安下了火車，放眼處全是逃荒的河南老鄉，每天搶救濟稀飯都搶瘋了。很多人再也無力西進了，就在鐵路邊的亂墳崗上，搭個窩棚住下，這一住就是一輩子。

如今，有些河南老鄉早已四世同堂。他們帶來的河南文化習俗，影響並改變了這座千年古都。

災民開發的道北，曾是皇家宮苑

恢弘莊嚴的丹鳳門，高大雄偉的宮牆，兩年前正式對外開放的大明宮國家遺址公園，再現了盛唐往日的輝煌。

這是西安市最大的城市中央花園，也是千年古都的新座標。而七十年前，這裏還是一片亂墳崗，甚至連個地名都沒有。

安居於西安市眞理村的八十三歲老人彭福義說，一九四二年正月初二，父親和哥哥餓死後，他和母親、弟弟三人從扶溝老家出發，步行至洛陽，坐車到潼關，繞道南山，到華陰後又扒上火車，一路走走停停，等到西安時麥子都熟了。

「下了火車，看見黑鴉鴉的老鄉，我們絕望了。」彭福義說。每天搶救濟稀飯都搶瘋了，飯也不好要。儘管「西省」與夢想中有很大差別，但很多人再也無力西進，在鐵路邊的亂墳崗上搭個窩棚住下，就這樣一茬接一茬，形成了河南難民聚集區。

「定居」西安時的情景，彭福義記憶猶新。那時，鐵道北邊一片空曠，到處是野草和墳地，難民的草庵就搭在墳地上，吃水從溝裏舀。「起初，這裏並沒有名字，有人問，都說住在鐵道北邊。日子長了，圖省事就叫『道北』了。」

誰也不曾想到，災民們「開發」並命名的「道北」，過去竟是皇帝居住辦公的大明宮。

資料記載，大明宮是李世民爲父親李淵在外郭城北的禁苑中建造的夏宮。大明宮存在的二百七十年間，在此主政的皇帝有十七位，唐末毀於戰火。

逃荒少年已四世同堂，子孫均鄉音無改

道北不是眞正的行政地名，這裏的街道和村莊都有自己的名字，如二馬路、紗廠街、未央路、廟後門村、郭家村、童家巷村等。

「寧睡城南一張床，不住道北一間房。」在老西安人眼裏，道北已不僅僅是「鐵道以北」的簡稱，而是一個地區、一個群體、一種現象的別稱：低窪棚戶區、移民居住地、凌亂的建築、經常停電停水、環境差髒亂、治安混亂……

在西安全市三百多萬平方米的棚戶區中，世界級大遺址的道北就占了二百多萬平方米，住著近十萬人，這顯然讓西安在面子上掛不住。

二〇〇七年十月，西安市啓動大明宮遺址區保護改造項目，很多在道北住了大半個世紀的河南老鄉，搬遷進了新的家園，緊鄰大明宮國家遺址公園的眞理村，也納入政府拆遷範圍。

道北童家巷村

看見搬遷走的老鄉都已住上了樓房，彭福義既對即將到來的拆遷充滿期待，又對住了半輩子的老地方依依不捨，他指著低矮的平房說：「這邊的房子建的時間都不短了。」

自從逃荒出來，彭福義再也沒有回過河南扶溝老家。咿呀學語時的故鄉，他早已回不去了——那裏沒有親人，沒有田地，沒有房屋。

對他來說，西安成了眞正的故里——定居七十載，他在這裏已是四世同堂。彭福義年幼的孫子，雖然生於斯長於斯，卻說一口地道的河南話，也喜歡喝胡辣湯、吃燴麵，甚至還會哼上幾句「劉大哥講話理太偏……」

今天兩小時的路程，災民跑了一個月

「河南擔」、「擔族」、「第五十七個民族」，這是西安人對河南人的調侃。調侃背後是災民逃荒的辛酸：當年河南饑民爲逃災荒，一條扁擔一頭挑著孩子一頭挑著鍋，歷盡艱辛才走到陝西，也因此有了一個說法：「隴海線，三千八百站，站站都有河南擔！」

一副扁擔挑起一個家。在那個年代，距鄭州千里之遙的西安，河南逃荒災民需一月甚至數月才能到達。

住在西安市自強東路童家巷的李敬臣說，一九四二年，秋種結束後，父親挑著擔子，一頭坐著妹妹，一頭放著家當，一家五口從焦作沁陽老家出來逃荒，計畫到洛陽坐火車，去西安投奔在大華紗廠打工的哥哥。結果，在黃河沿邊住了一周，就是到不了南岸。

爲防止日軍侵入，黃河南岸駐有軍隊，對沿線進行封鎖。災民也顧不上千百年來「黃河自古不夜渡」的禁忌，那晚，輪船來往兩岸跑了一夜，他們是倒數第二船。最後一船沒到岸邊，船主害怕遭對岸軍隊槍擊，就將災民推下了船。

好不容易走到洛陽，在那裏住了幾天，買不起票、上不去車，甚至都不知道該坐哪趟車。後來，他們學聰明了，給「黑狗」（舊時警察穿黑警服）塞點錢，扒上了一輛票車，坐到了車頂上。火車到陝州後走不了了，他們坐一截馬車，到潼關又搭上了到西安的火車。

在今天，一天可以實現從鄭州到西安的往返。二〇一〇年二月六日，連接鄭州、洛陽、西安三座古都的鄭西高鐵開通運營，坐在時速三百多公里的列車上，從鄭州到西安，兩個小時即可到達。

在逃荒路上跋涉了一個月甚至數月的災民不會想到，中原大地與八百里秦川有一天會如此貼近。

燴麵與豫劇，西安已不可或缺

今天，居住在西安的河南人數以百萬計，其中有很多是當年逃荒災民的後代，他們正在影響並改變了這座千年古都。

在西安，無論在飯店就餐，還是打計程車，無論在公園散步，還是在超市購物，到處都能聽見河南話。記者到火車站採訪時發現，就連值班門衛也說著一口地道的河南話。計程車司機郭師傅是土生土長的西安人，他也會說河南話，「河南話是西安的第二大方言」。

一九四二年隨父親逃荒定居西安道北的李敬臣

鄭州燴麵、逍遙鎮胡辣湯隨處可見。小東門裏附近，有一家方城羊肉燴麵館。店主陳慶根說，他老丈人在西安唱豫劇幾十年了，二十多年前將他從方城老家帶到西安開飯館。來這裏就餐的，有河南人，也有西安人，「就像我們習慣了羊肉泡饃一樣，西安人也習慣了我們的燴麵、胡辣湯」。

燴麵、胡辣湯在西安流行，與河南災民大量湧入不無關係。李敬臣說，當年河南災民結束乞討的「第一階段」，有的去工廠上班，有的拉洋車，有的賣花生糕，還有一部分開起飯館，賣胡辣湯、燴麵。

河南災民帶來的，還有精神層面的東西——豫劇。一九四二年前後，「豫劇皇后」常香玉曾在西安生活演出。有著「現代豫劇之父」的河南遂平人樊粹庭，甚至從開封帶著豫劇團到西安演出，創辦了西安市獅吼豫劇團（西安市豫劇團前身）。河南災民大批湧入西安的一九四二年，他還招收一些災民子女，以科班方式辦起獅吼兒童劇團。

當代作家賈平凹，在《河南巷小識》中寫道：當河南的劇團來西安演出時，他們必是全巷出動，集體訂票。常常在早晨起來，誰家妹子細聲細氣唱幾句「銀環」（豫劇《朝陽溝》中的角色），馬上就有「拴保」的回唱，接著，唱「拴保媽」的也有，唱「拴保爹」的也有。

西安豫劇團開發部李主任說，該劇團今年承接了近百場惠民演出。目前，有一個關於「河南人在西安」的項目，正在著手進行舞美、唱詞的排練，下一步還準備到河南巡迴演出。

對於西安市民而言，燴麵、胡辣湯、豫劇，早已成爲生活中不可或缺的一部分。

第十節　抱住車軸死裏逃生

七十年過去了，很多與一九四二有關的痕跡，早已雨打風吹去。而那場災難，帶給人內心的創傷，卻是歲月所無法撫平的。很多人都不願再想當年的事情，因為回憶帶給他們的只有苦痛和淚水。

抱住火車車軸，一家人亡命到西安

「要臉的餓死了，不要臉的活下來了。」西安市真理村八十九歲老人毛翠鄉說。毛翠鄉老家在河南扶溝崔橋鎮。民國三十年（一九四一年）一入冬，扶溝縣崔橋鎮的人再也坐不住了，躲過了黃河水，熬過了旱災，最終敗給了遮天蔽日的蝗蟲。毛翠鄉回憶，當時村上百分之九十的人都收拾了家當，結伴外出要飯。

「當時沒想著往西走，就跑到南陽鄧州，在那邊要飯。」毛翠鄉說，要飯需要趕上「飯點兒」，村民看要飯人可憐，會把正吃的飯倒到乞討者的碗裏，「也有講究些的會拿著你的碗回去給你盛一碗」。

「要飯，要到啥吃啥，要不來就餓著。」毛翠鄉流著淚感慨，「年輕人根本想像不到，孩子們也不讓提當年的事兒，總說『講那弄啥呢，講了你心裏還難受』。」

「你想想，一進村狗就叫喚，一不小心腿都讓狗咬住了。」毛翠鄉說，當年自己雙腿上的肉經常都是耷拉著，「那些日子都不知道是咋過來的，再沒那麼多的苦吃了，現在一說就難過。」

因爲災民太多，鄭州那邊的飯也不好要了。聽說西邊能塡飽肚子，毛翠鄉就跟著父母往西走，沿途乞討。再後來，他們一家在洛陽乘上火車，逃到了西安。

說「乘上」火車其實並不恰當。毛翠鄉說，當時往西邊逃荒的人太多，他們一家沒能扒到火車頂棚上，只能抱住火車下面的車軸，火車開動的瞬間母親說的話至今她還記得，「可抱緊了，鬆手就摔死了」。

那些吃人肉的鄉鄰，最終沒逃過死亡

對毛翠鄉老人來說，最讓她難受的，是自己親眼見過的「人吃人」。

毛翠鄉回憶，還沒開始討飯的時候，老家那邊吃的東西還不如現在豬吃的，都是些樹皮、柴火、麥苗、大雁屎……

因爲饑餓難忍，看到東西人們首先想到的就是能不能把它塞進肚子裏，可「人又不是牲畜，樹皮、草吃了之後消化不了，就會脹肚。當時人餓得就剩骨頭架子了，卻扛著個大肚子，臉都是綠的，說句不好聽的，那就跟鬼一樣」。

年景到了這步田地，已十六七歲、讀過書的毛翠鄉顧不上許多，整日跟著母親外出尋找吃的，「摳磨眼兒，那時候地主家還有吃的，還會在石磨上磨麵」，把裏邊的麥麩摳出來，回家加點野菜，「這都是好飯」。

一天下午，又準備去摳磨眼兒，她看到一個駭人的場景：幾個人在用刀割石磨上的死人大腿和屁股上的肉。

她回憶，死者名叫趙新約（音），是扶溝縣崔橋鎮毛寨村人，死在了石磨上，「剛開始他本家的人來割，把身上的好肉割走了，後來村上別的人把他給吃了」。

毛翠鄉說，這件事之後，村上人都傳說人肉跟其他動物的肉不同，不但有怪味兒，而且人吃了眼睛會變紅，然後就死了，「你想想，餓得飯都吃不上了猛地一吃肉，啥還能吃下去？」

那些吃過人肉的人，最終沒能逃過一劫，差不多都餓死了。

綢桑車站，曾是他們的「惆悵」

老人們紛紛講起逃荒途中的心酸事時，一位老人默默地回了家。據彭福義講，老人是和他做了幾十年鄰居的趙鳳奶奶，或許是大家的回憶，勾起了老人的傷心往事——逃荒途中，趙鳳奶奶失去了自己的親妹妹。

幾番糾結之後，趙鳳向記者講述了當年的事情。民國三十一年，趙鳳一家也加入了西去逃荒的隊伍。從扶溝老家出門時，母親已懷有身孕。

經過近一個月的跋涉，他們一家人趕到了洛陽時，母親已經要生了，「車站附近到處是人，實在找不到讓俺娘生孩子的地方，俺爹就讓她躺在火車道上，用席子遮住就生了」。講起這些，趙奶奶老淚橫流，「生前俺娘連一口水都沒喝，生了之後就直接扒上火車走了」。最讓她感到傷心的是，最後妹妹也沒成人，「餓得沒氣了，就丟到半路上了……」

與老人們聊天的時候，他們都提到了一個名字「惆悵」。查閱資料才知道，他們所說的「惆悵」，指的是老隴海鐵路上的「綢桑車站」。

是什麼原因讓他們將它叫成了「惆悵」，記者不得而知，但「惆悵」一詞從他們口中講出，卻是別有一番滋味。

第十一節　「鬼市」裏的生計

西安市小東門裏的「鬼市」，至今已有百年歷史，儘管與形成之初不可同日而語，但一直頑強地存在著。

在以饑餓和戰爭為主題的一九四二年，這個「鬼市」是很多河南逃荒災民的希望所在，他們光顧的目的只有一個：變賣一切可以變賣的東西，維持奄奄一息的生命。

多少逃荒災民，曾在「鬼市」謀生

每天下午三點左右，西安小東門裏城牆西側的小花園，揣著各種包裹的人幽靈般鑽了進來。

包裹逐一打開後，一個地攤市場形成了，呈現出的廢舊物品讓人瞠目結舌：電線、電燈、黑鍋、磁帶、自行車腳踏板、手電筒、水龍頭、舊衣服……總之，這裏叫賣的物品，幾乎全是讓人做夢都不會想到的，而其價格通常也只有幾塊錢。

買東西的人，彷彿是從地下冒出一般，短短十幾分鐘時間，花園裏聚滿了人。讓人驚奇的是，幾乎每個攤位上，都有顧客淘到感興趣的物品，討價還價之聲不絕於耳。

一位民工模樣的中年男子相中了一件襯衣，儘管衣領、袖子處黑得放光，他還是愛不釋手地翻看半天，最後以兩元成交。賣東西的趙老太太說，她到這裏賣東西，也是打發一下時間，掙個買菜錢。這裏賣的東西，全是廢舊物品，比如她所賣的衣物，都是家裏淘汰的，而顧客基本都是老年人、窮人。

這就是西安著名的「鬼市」。西安市政協的文史資料中記載，「鬼市」與一九四二年河南逃荒災民有著歷史淵源。

那一年，逃難、逃荒的災民大量湧入西安，有錢和有親友可投的人辦工廠、開店鋪、跑行商，沒錢的人則流落街頭、拉洋車、打小工，許多實在找不到門路的，只好來到「鬼市」，初則變賣自己的衣服糊口，繼而幹起破爛營生。

災民賣舊貨，經常受敲詐

《辭源》釋「鬼市」曰：夜間集市，至曉而散，故稱鬼市。

「鬼市」其實就是普通的舊貨交易市場，北京、天津、上海等地都有。

西安「鬼市」由來有兩種說法：一種觀點說，地點偏僻，買賣雙方都是趁著天色未明時交易，天亮之前迅速散去，形同鬼蜮出沒；另一種觀點說，西安乃十三朝古都，隨便掘地三尺就能見古物，小販所賣東西都是盜竊古玩，一些買家爲求意外之財前來「淘寶」，雙方相互設局、以鬼搗鬼，被人譏諷爲「鬼市」。

早在明清時代，西安小東門城牆根底下就形成了遠近聞名的「鬼市」。西安文史資料稱，從「七七事變」開始，到一九四二年河南特大旱災這幾年，大量逃難、逃荒的災民湧入西安，「鬼市」的範圍進一步擴大：以民樂園爲中心，東抵中

西安小東門裏城牆西側的小花園“鬼市”

山門馬道一線，南及東大街，西至尙仁路，北到北城牆根，從業的攤販、擔販最多時不下一點五萬人。

從那時開始，「鬼市」交易時間和貨品也有所變化，雖然仍開始於凌晨，但已延長至上午十時前後結束，貨品除破舊雜物外，新貨也源源不斷，當時每天的營業額，至少有十萬元左右，是西安「鬼市」最興盛時期。

家住西安市建國路建國巷的韓六升，今年已八十歲高齡。他說，當年一些災民逃到西安後，在小東門城牆腳下搭個牛毛氈棚子，做些舊貨生意。隨著「鬼市」的興盛，一度出現一個所謂的群衆性組織「破爛市理事會」，每月逐攤收取攤位費，還與流氓地痞一起對攤販敲詐勒索。

一位名叫李學斌的西安老人曾撰文稱，國民政府警察局、便衣隊將「鬼市」當成搖錢樹，每逢節日都要清查一次，被抓的都作「違警」處理，罰款一元錢。時間長了，攤販都習以爲常，遇到清查能跑就跑，跑不過就掏一元錢消災。

最可怕的，是有些警察經常拉著小偷到鬼市找「賊贓」，只要小偷咬一口，你就百口莫辯，輕則請客送禮外加罰款，重則坐牢，傾家蕩產，甚至逼死人命。一些有錢的商販便找幫會做靠山，遇到幫頭家紅白喜事，都有送禮應酬，而沒錢的攤販只有聽天由命。

養活不少災民，緩解了供貨壓力

西安有這樣一個生動的故事：東西南北四個城門的人見面，北門的人問：「打架了嗎？」西門的人問：「吃了嗎？」東門的人問：「抓住了嗎？」而南門的人則問：「考上了嗎？」

北門緊挨著隴海鐵路，大批河南人逃荒來此，形成了西安獨有的「棚戶區」，棚戶區的人比較窮，融不進西安當地社會，打架是家常便飯；西邊是回民聚集地，清眞小吃很有名；東門是「鬼市」，偷來的東西在東門出手，被抓是常事兒；而南門自古以來是文人墨客居住的地方，書香氣息濃厚。

在長篇小說《廢都》裏，作者賈平凹對「鬼市」作了細緻描寫：「城東門口一帶地勢低窪，城門處的護城河又是整個護城河水最深最闊草木最繁的一段，歷來早晚有霧，那路燈也昏黃暗淡，交易的人也都不大高聲，衣衫破舊，蓬首垢面，行動匆匆，路燈遂將他們的影子映照在滿是陰苔的城牆上，忽大忽小，陰森森地嚇人。」

逃荒至西安的焦作災民李敬臣說，「鬼市」是一個藏汙納垢的地方，坑蒙拐騙、買贓銷贓在這裏不停上演，但另一方面，它的存在，一定程度上緩解了貨源缺失的狀況，維持了千萬窮人的生計，其中包括從河南逃荒來的災民。

「那時候，『鬼市』很熱鬧，已變爲全天經營，白天也滿滿當當的。」李敬臣說。很多災民都是帶著家裏最貴重的東西逃荒，來到西安後居無定所、食不果腹，到『鬼市』變賣東西，做點小生意。還有一些災民，在饑寒交迫下，不得不去鬼市買賣便宜貨。安家在西安的河南災民，多是這樣熬過來的。

政府動手治理，「鬼市」日漸蕭條

二千年前後，盤踞「鬼市」的小販越來越多，西安相關執法部門開始動手對該市場進行治理。

治理原因主要有三個：占道經營，嚴重堵塞交通；破壞了古城牆的原有風貌；成爲竊賊銷贓場所。隨著順城東路改造竣工，以及小東門古玩城的營業，原本熱鬧的「鬼市」逐漸衰落，最終轉戰至小東門東側的花園裏。

如今的「鬼市」，每天下午三點至晚上八點營業，與最初的「鬼市」有著天淵之別。

「我們古玩城所在的位置，就是原來『鬼市』的位置。」西安市小東門古玩城經理李照亞說，「鬼市」治理前，這裏是一層臨時建築，商販都搭個小棚子營業，銷贓的都趕在天亮之前交易，正常的經營，則持續一整天。

「鬼市」由繁華而蕭條，最終「流落」花園，在李照亞看來，這是一種必然。他說，以前「鬼市」是警方重要的追贓地，私搭亂建的棚子無異於黏在城牆腳下的一塊「牛皮癬」，損害了城市形象，群眾也怨聲載道，整治勢在必行。

流落在花園裏的「鬼市」，並不被政府認可。一位商販說，經常有執法人員前來驅趕，但小販都是「你來我走，你走我來」，這種「游擊戰」快有十個年頭了。

第十二節　常香玉的恩情

一九四二年的隴海鐵路，向西只通到寶雞，對於許多河南災民來說，這裏是逃荒的終點。

據當時估計，三百萬河南災民西出潼關，其中，近一百萬人來到了寶雞。那時起，寶雞開始被稱為「小河南」，河南籍人在這裏達百分之七十以上。

九死一生逃到寶雞的河南災民是幸運的，因為在這裏他們遇到了老鄉、豫劇皇后常香玉。

當年「難民營」，已是繁華鬧市

八月的金陵河畔，清風徐來，垂柳依依，是市民休閒散步的好去處。金陵河全長五十五公里，從隴山南麓出發，一路歡歌，給寶雞帶來靈秀之氣。這條河，當年也滋潤了無數河南災民。

《西安市志》記載，定居寶雞的豫劇皇后常香玉，曾在金陵河兩岸搭下帳篷，設置「難民營」，解決了部分河南災民的居住問題。

八十五歲的李東華說，一九四二年秋，他們一家三口挑著全部家當，從鞏縣老家出發，在洛陽搭上了西去的難民車（實則是拉煤車）。

到寶雞後，李東華和很多災民一樣，在金陵河岸邊的難民營住下，「當年，河南人住在棚子裏，全部的財產只有用扁擔挑來的一些家當，現在寶雞還有『河南棚子河南擔』的說法」。

當年的難民營早已無處可尋，熬過苦難的災民及其後代，也都過上了安定的生活。

寶雞市計程車司機羅瑞說，逃荒災民居住的金陵河旁早已是繁華地帶，拆遷時每家都補了幾套房子，還有不少商業街門面房，就連住在山上窯洞的災民也沾了光，「前些年寶雞搞綠化工程，將他們全部遷到山下，家家也都住上了兩層樓」。

「眞是三十年河東，三十年河西啊！誰會知道那些不毛之地，後來都値錢了呢！」羅瑞說，「很多災民幾代人都吃喝不愁了！」

災民兩次逃亡，成就寶雞「小河南」

寶雞，古稱陳倉，位於三秦大地最西端，是陝西省第二大城市，也是聯通中國大西北和西南的交通樞紐。

兩千二百多年前，楚漢相爭，劉邦「明修棧道，暗度陳倉」，繼而平定三秦，奪取關中，擁有了擊敗項羽、統一天下的基地。

寶雞被稱爲「小河南」，隨處可以聽見河南鄉音。據稱，解放初期河南籍人達百分之七十以上，河南話一度成爲「官話」。

抗戰時期，河南人兩次大逃亡，成就了寶雞「小河南」的稱謂。

一九三八年六月，爲阻滯日寇西進，國民黨政府炸開鄭州花園口附近的黃河大堤，一千二百五十多萬人受災，三百九十萬人踏上了流亡之路。許多河南人一路向西逃亡，湧進了當時只有幾千人的寶雞縣城。

河南人第二次大規模逃亡寶雞，是在一九四二年夏至一九四三年春。是時，河南發生旱災、蝗災。據當時估計，有三百萬河南人西出潼關，這些人中，近一百萬人來到了寶雞。

當時逃難的河南人，爲什麼大多湧進了寶雞城，而沒有繼續西去天水和蘭州呢？

這與隴海鐵路有關。當時，隴海鐵路只通到寶雞，終點站就在寶雞城東門約一公里處。

經過這兩次大移民，當時的寶雞城區，河南人的數量與當地人相比，已經佔據了絕對優勢。

也就是從那時起，寶雞開始被稱爲「小河南」，很多寶雞人還要學說河南話，以便於交流。

那些民族工業，都流淌著道德的血液

在那個特殊年代，寶雞的一些民族企業各盡其力，解決河南災民的生存難題。

上世紀四〇年代初的寶雞，是抗戰大

從鞏縣逃到寶雞的李東華

後方，淪陷區的一批先進的民族工業先後遷了進來。其中較大的工廠有：申新紗廠、洪順機器廠、民康實業公司、福新麵粉廠、秦昌火柴廠，以及從漯河遷來的大新麵粉廠等。

伴隨這些企業到來的，是蜂擁而至的河南逃荒災民。寶雞市金台區政協文史資料稱，僅一兩年時間，寶雞人口增至七八萬。

這是「天作之合」。毋庸置疑的是，企業再無用工之難，災民再無生存之憂。

李東華說，他到寶雞沒多久，就趕上榮氏家族的申新紗廠（現陝棉十二廠）招人，他和很多老鄉一起進廠上班，百分之八十的工人都是河南逃荒過去的災民。工廠包吃住，生活用品全部免費發放。而毋

許多當年內遷的民族工業延續至今。

親又找了個給別人紡線的活兒，一家三口的吃飯問題總算解決了。

從禹州逃荒到寶雞的陳秀蘭回憶，當時她只有十一歲，在紗廠每天要工作十二個小時，晚上睡覺的時候，耳朵裏還是紗廠機器的轟鳴聲。但每月工資可以買八十斤黑麵，加上從地裏挖來的野菜，父母弟妹能混個肚飽，「在老家只有八分墳地，又遭了災，在這裏能活下去，已經很不錯了」。

從河南漯河遷到寶雞的大新麵粉廠，其老闆黃自芳是河南葉縣人，清代末年秀才，寶雞河南同鄉會主要負責人之一。當年，他和河南同鄉會會長李生潤等人積極為河南災民賑災，並聯合建立了「私立中州小學」，免費接納河南難民子女就讀。

恩比天高，災民難忘常香玉

提到救助河南災民，其時正定居寶雞的常香玉，是一位繞不開的角兒。

《寶雞市志》提到了常香玉對河南災民的救助：設立「難民營」供河南災民居住；經常購糧捨粥；讓災民孩子免費讀書；經常給河南災民免費演出。

「常香玉建的難民營我住過，她的演出我看過幾次，她捨的粥、發的饃我也經常吃。」李東華說，常香玉常和劇團的人推著一架子車饅頭上街散發，車子上放著兩個大籃子，一個裝著高粱麵饃，另一個裝著包穀麵饃。遇到有人要，她會一樣發一個，有人飯量大，她就多給些。冬天怕饃涼了，她就將饃放在大盆裏，下面放上爐子保溫。

原寶雞私立中州小學校長陳馥在一篇文章中詳述了常香玉對河南老鄉的幫助：爲解決河南難民兒童的上學問題，當時寶雞河南同鄉會建立「私立中州小學」，常香玉經常舉行義演爲學校籌集資金，「她生過大女兒不久，就登臺爲中州小學唱募捐戲」。

常香玉還經常日夜連軸義演，演出收入不僅救濟了流落寶雞的難民，還買了麩子，運回洛陽、鞏縣，分發給家鄉災民。

《戲比天大》中提到，有天，常香玉早起在金陵河邊練嗓子，遇上一位登封的老太太，抱著不滿周歲的孫子逢人磕頭，乞求施捨。常香玉心生憐憫，可是又沒帶錢，竟將身上穿的直貢呢夾襖脫給了那位難民。

對於生者，常香玉給予最大的幫助，對於死者，常香玉也不忘獻出最後的關懷。《寶雞縣志》「人物志」提到：當年，常香玉在寶雞石油機械廠北區附近購買了一塊「河南義地」，安葬客死異鄉的河南災民。

免費義演，緩解老鄉思鄉情

逃荒中，伴隨河南災民的，不只是饑餓、貧窮，還有豫劇。即便在逃荒途中，災民也沒放棄對豫劇的喜愛。河南的很多豫劇團和民間戲班子，也隨著逃亡大軍流落至西安、寶雞。很多身處異地他鄉的災民，也希望能聽到家鄉的豫劇。

一九四二年，由寶雞河南同鄉會、大新麵粉廠籌款建設的「河聲劇院」竣工。該劇院位於寶雞市漢中路，常香玉以義演入股。由於她帶領的劇團在河聲劇院演出時間最長，所以群衆稱這個戲院爲「香玉劇院」。

爲了救助河南災民，在河南同鄉會的支持下，常香玉經常在河聲劇院舉行賑災義演，甚至定期爲災民免費演出。

用一句時髦的話說，河聲劇院是常香玉夢想騰飛的地方。寶雞的演出生涯，奠定了常香玉「豫劇皇后」的基礎，被稱爲河南梆子的豫劇，自此在寶雞生根發芽，興盛了近半個世紀。

七十年後，寶雞市漢中路「河聲劇院」，早已面目全非：原劇院已被拆除重建，伴隨著豫劇的衰落，這裏曾一度改為股票交易市場。兩年前，「外灘酒吧」入駐劇院，並將外觀改成了歐式風格，這裏每晚觥籌交錯，上演著激情的歌舞。

「清歌妙舞出尋常，載譽西秦姓字香。銀燈一處人如玉，滿院觀衆醉紅妝。」從中州小學校長陳馥的一首藏尾詩裏，記者依稀窺見了豫劇皇后當年的風采。

當年的“香玉劇院”現在成了酒吧。

第十三節　大逃亡在此停下腳步

順著隴海線一路西行，河南災民們的逃荒路漫無盡頭。他們最終到底落腳在哪裏？

一路向西，記者前往甘肅，探尋災民可能去的最遠的地方。

一封來自甘肅的信

漫長的無盡的逃亡線。一九四二年冬，河南大批災民西行。馮小剛拍電影《一九四二》時曾說，劉震雲描述逃荒隊伍用的八個字，「前不見頭後不見尾」，讓他拍攝時很是費了一番工夫。

如果說西行的「頭」是洛陽，那麼「尾」是哪裏？西出潼關的三百萬河南災民，爲了在大災之年活下去，他們跋涉流離的腳步最終在哪裏停留？

目前存於河南省檔案館的記載，逃荒方向大致有四條：大多數經洛陽，沿隴海路向西進入陝西；少部分南下逃亡湖北；少量向東進入日戰區；還有一部分，北上進入抗日邊區。

大部分西行難民逃亡的終點，以及他們逃亡的具體線路，目前尚沒有任何文獻提到。相關資料提起逃荒，總是籠統地說災民會進入山西、陝西、甘肅等。

爲瞭解災民的具體逃亡路線，記者諮詢了鄭州大學專門研究近代史的退休副教授徐有禮。他對這場大饑荒有所瞭解，但表示並沒有專門研究過。

河南省社科院研究員王全營，多年致力於研究河南近現代史。六十九歲的王全營，思路非常清晰，退休後依然負責爲多家業內知名史學類雜誌審讀稿件，但對於一九四二年災民逃荒路線，僅他手邊所掌握的資料也無法提供。

他說，大約在十五年前，河南省政府曾收到過甘肅的一封來信。信應該是一個普通人寫的，從字裏行間可以看出，並不是專業研究人員。信的大意是說，有很多河南人前往甘肅，爲甘肅的建設做出了貢獻。

省政府收到這封信後，經當時省委書記批示，轉到了河南省社科院。批示中表示希望社科院能瞭解一下相關情況，但因爲當時經費人手等不足，社科院的西行調研未能成行。

如今，王全營已經退休，而社科院見過這封信的人也不多。「當年逃荒的人，也可能繼續逃往甘肅。」

而記者在省內的採訪中，也有零星當事者表示村裏有人曾逃荒到甘肅。

西行蘭州

二〇一二年八月三十日，記者繼續西行，經西安，過寶雞，入甘肅境，過隴西、定西，便是蘭州。越往西，便越有幾分邊關苦寒肅殺之氣，但層巒疊嶂間，居然有碧綠的梯田。

甘肅是古時西戎之地，直伸大漠。早在商、周、秦時期，便是西戎、羌、氐等族活動處；秦漢之際，月氏與烏孫居於河西走廊；隋唐時期，突厥、回鶻、吐谷渾也曾起於甘肅。塞外邊關，中原人非不得已，一般很少涉足。唐王之渙《涼州詞》言：「羌笛何須怨楊柳，春風不度玉門關。」

哪怕是遷徙流浪的人，到此也該停下了吧。

火車照例晚點。往蘭州去的車終點站大多是烏魯木齊。列車員說，從西邊過來的車，基本上沒有不晚點的。西安以西路況不好，加上連日下雨，火車走得分外當心，晚點幾個小時都算是正常的。車上擠滿了人，大多是河南各地中年女人，趁著這個時節到新疆摘棉花。有個女人驕傲地算了一筆帳：她一天能摘一百多斤，一個月拿五六千塊錢。

她們一路向西，堅韌辛苦，爲了生活。從這個層面上看，她們和幾十年前這片土地上西去的河南人，沒什麼差別。

隴海線寶雞至天水段，長一百五十四公里，這段工程複雜艱巨。從一九三九年五月至一九四五年十二月，用了近七年時間，才勉強竣工。通車後，塌方事故不斷，被稱爲隴海鐵路的「盲腸」。

一九四二年，鐵路尚未修成竣工。這樣的路況，再加上甘南兵匪不斷，若是逃荒者眞能到此，那他們要歷經怎樣的艱難困苦？

蘭州城裏的河南人

蘭州，這個古絲綢之路重鎮，清康乾時期已成西北一大都會，如今依舊保持著繁華。

黃河水穿蘭州城而過，溫馴和順。黃河歷年多水患，但從未禍及蘭州，給他們的只有恩澤。

因為是依黃河而建，蘭州城和其他地方多有不同，狹長彎曲。中心區域在東南。隨便問個蘭州人，知不知道這裏有河南人，他們都能說個大概位置。一位當地居民說，河南人大多聚集在黃河北邊、火車站附近，還有張蘇灘菜市場，「那邊住得都很簡陋」。

在這裏，也有甘肅人沿用西安、寶雞的稱呼，叫河南人「河南擔」。這是一個略帶歧視性的稱呼，大意是，一根扁擔一挑子就能闖天下了。

如今的蘭州，已經離不開河南人了。用甘肅省河南商會會長金銀強的話說，「假如在蘭州的河南人停工一天，蘭州城就會變成一座癱瘓的『死城』」。

如今的蘭州，河南人做出了很大成績，早已不容小覷。河南商會就聚集了一批這樣的精英，但不少河南人，依舊從事著底層行業。

甘肅河南商會會長金銀強，是個地道河南人，來自鄭州。他創辦的蘭州衆邦電線電纜集團有限公司，是西北地方電線電纜生產行業的骨幹企業，還是甘肅省工業百強企業和全國電線電纜百強企業。

金銀強說，據河南商會統計，目前在甘肅的河南人至少有三十萬。在甘肅，很多河南企業都為蘭州的發展和建設做出了巨大的貢獻，也有很多河南企業積極參與公益事業。更多平凡的河南人工作在蘭州，他們平時默默無聞，但是現在的蘭州已經離不開他們。如今蘭州從事蔬菜銷售、水產品銷售、廢品收購等基層行業的人群中，河南人占到了百分之九十八左右。蘭州的快速發展，離不開這些無名卻勤勞的河南人。

但這些河南人，大多是上世紀五〇年代後過去的。上世紀五〇年代、七〇年代和九〇年代各是一個移民高峰期。許多人懷著支援建設的激情，或發家致富的夢想，去發揮才智，揮灑汗水。

採訪中，人們都表示沒有聽說過其中有誰是一九四二年前後逃荒過來的，也沒聽說過其中有他們的後人。

逃荒路止於寶雞

事實上，隴海鐵路線寶天段一九四五年通車，而由於施工複雜，天水至蘭州段，解放後才開始整修，一九五三年七月完成，至此，隴海鐵路方全線修成通車。

況且，災民到西安、寶雞之後已無力西行，而寶雞以西地形複雜，環境惡劣，大城市少，很難有討飯的地方，災民似乎難以再往西走。

這種可能，在甘肅省政協文史委員會主任袁維輝那裏得到了印證。

袁維輝說，蘭州算得上一座移民城市。現在大部分蘭州人的父輩，都是在「一五」期間為支援大西北建設而從天南地北遷徙來的。為了支援蘭州建設，當時全國很多地方整廠、整系統遷到蘭州，其中就包括很多河南人。在鐵路建設方面，河南人貢獻更大。

袁維輝長期主持編纂甘肅省文史資料，並未發現有關於河南人一九四二年前後逃荒至甘肅的記載。他們經常在省內各地收集資料，也沒有聽說有河南人當年逃荒至甘肅。

記者翻閱《甘肅省志》和《甘肅文史資料》，從清末到現在的記錄，並未提到河南人逃荒一事。僅有一篇《河南省向甘南草原移民的經過》的文章，講述一九五八年計畫從河南移民十五萬到甘南，但終因環境不適、水土不服等原因，大部分人返鄉，十五萬人的目標終未實現。

「不管是當時的現實條件，還是政府舉措，根據我們現在手頭掌握的資料，應該是百分之九十九的人逃荒到寶雞後，就停下來了。」袁維輝說，就算是有極少量的災民可能進入甘肅，也會是和陝西交界的隴東地帶，那裏緊鄰陝甘寧邊區，但現在已經不可考了。

也就是說，三百萬逃荒的河南人，西行之路應該是止於寶雞。

兩個小饑民

第八章 叩問

第八章 叩問

作為大自然影響的一部分，災荒一直伴隨著人類社會。災荒出現時，我們該以什麼態度去對待。不同的態度將產生不同的結果。

諾貝爾經濟學獎得主阿馬蒂亞・森以大量案例證明，現代以來，雖然饑荒與自然災害有密切關係，但客觀因素往往只起了引發或加劇作用，權利的不平等、資訊的不透明、言論自由的缺失、政治體制的不民主才是加劇貧困和饑餓、導致大規模死亡的饑荒發生的主要原因。

換句話說，糧食問題的實質，其實是與政治相關連；饑荒之是否發生，視一個社會採取何種權利與制度設計而定。這也是一九四二年大災荒的內在實質。

「孤島」河南的沉重賦役

河南是兵家必爭之地，歷史上戰亂不斷，民國時期同樣如此。抗日戰爭爆發後，這裏同樣成爲國人的抗日前線。

楊卻俗在回憶民國三十年（一九四一年）開始的河南浩劫時分析河南形勢：盧溝橋事變當年，俗稱中原的河南省，從開封淪陷、黃河決口、武勝關撤守之後，就三面受到敵人的威脅。民國三十年的秋天，鄭縣一度失守之後，沿平漢線一帶的大平原就隨時有受敵騎踐踏的可能。

出於戰事考慮，隴海路被拆除到洛陽附近。這導致河南差不多成了一個軍事上的「孤島」——通往大後方的路上崇山峻嶺，三面又有日軍壓境。

即便淪爲孤島，河南平原地區的縣份還要多負擔軍糧，接近前線的地方還要從淪陷區搶運一些鹽糧、醫藥和其他日用品供應大後方，至於徵補壯丁到前方和大後方，自然不在話下。

其實，河南的糧食生產條件並不好，當時沒有發達的水利設施，河南的農田大都是旱田，除了極少數的地區有水利——開渠或者鑿井——可資灌溉外，都是靠天吃飯，看老天爺的臉色爲生的。

「因此遇到大旱或者多雨成災的時候，就要南從『兩湖』運來白米，或者從東北的山海關外運來大豆高粱救濟。」楊卻俗說。至於鄰省陝西，還曾經運河南的糧食去救濟那邊的災民。

在近乎孤島的戰時處境下，河南豐收時要供給軍民糧食；在歉收的非常時期，卻不會有兩湖的白米或者東北的大豆高粱運來。

這種境遇，連楊卻俗多年後也不免感歎：「我們知道抗戰時期的『兩南』——河南和湖南曾經是國家主要的糧源和兵源，而河南的奮鬥和貢獻則更是艱苦卓絕。」

各方賑災收效甚微

河南付出的，是衆多百姓的生命。一具又一具倒臥街頭的屍體，刺激著社會的良心。資料記載，當時各方都在設法賑災，但收效甚微。滎陽、汜水、廣武三縣的縣政府均設有賑濟委員會，主管本縣救災和管理下屬救災機構。

一九四二年災荒蔓延後，這些縣又開設賑務所，專辦賑糧、捐款事項。三縣還要求各保（由若干農戶組成的基層社會組織）設粥場，所用糧食大部分從義倉提取，少

大災荒中蕭條的街道

部分由名人、富戶認捐。一般粥場每天捨飯一次，個別早晚各捨一次。同時，三縣火車站常設難民收容所，辦理災民收容轉送工作。

然而，重災之中，地方政府雖設有這些救災機構，但救災成效甚微。《滎陽市志》寫道：

民國三十一年大旱，麥秋無收。次年，蝗災，郊野斷青，榆樹皮被吃光，人們逃荒要飯，賣兒賣女，餓殍載道。街市上榆樹皮麵饃，貴至四元一斤。汜水沿河兩岸貧民，有踏雪破冰挖藕草根充饑的。

滎陽南部的馬寨、王村等山區貧民，有的將白土和入糠麵食之。集市上乞食、奪饃不斷出現。車站、碼頭逃荒的，三五成群，村頭路邊，餓死的屍體，屢見不鮮。

崔廟鎮翟溝保的吉寨村共有五十八戶，到陝西、山西逃荒的就有二十八戶。

滎陽人王子官在《一九四二年大旱災中之汜水》一文中稱，災情越來越重時，經當地政府及士紳從地方籌措五十萬元，動員西安同鄉捐款十萬元，責令各保攤籌四十萬元，共得一百萬元，從陝西購回雜糧一千五百十四石，從洛陽購回玉米二百四十八包，折合三百五十餘石，合計二十六萬餘斤。然而，災前汜水縣十萬餘人，按最低購糧人數五萬人計算，每人每天只合一斤糧食，二十六萬餘斤糧食實不足六日之用。

旱災後，陝西省鞏縣同鄉會籌款救濟家鄉災民。鞏縣人常香玉在西安、寶雞等地義演救災。最終鞏縣還是餓死了許多人。據當時河南賑災會統計，鞏縣餓死一萬九千一百人。河南省政府救災總結報告：鞏縣逃荒八萬零五百零五人，餓死四千四百三十一人。

位於河南東南部的上蔡縣，情況也好不到哪裏。

《上蔡縣志》說，民國三十一年秋，大旱，秋作物大部枯死。次年春，大饑饉。縣成立臨時賑災委員會，籌集救災款近三百萬元（法幣），購糧一萬四千七百石。

這些錢糧怎麼分配？「春節前用去四千石救濟災民，春節後，按成人每人糧三升、款十三元，小孩糧一升、款七元的標準發給災民，共發放救災糧二千三百石，救災款八十五萬元。」

這年四月，又在城關、楊丘、華陂、和合、邵店五處各設一粥場，每處收養災民千餘人；在城關、蔡溝、湖崗、黃埠設救濟院四處，收容災童棄嬰，按每口一市斤發給口糧。

另外，對黃泛區各縣災民經上蔡縣朝西南方向流徙者也給予救濟，按每人每百里五斤豆餅發給口糧。

即便如此，上蔡縣依然「人餓死者衆多」，不願餓死，只得逃荒。

《郾縣縣志》稱，民國三十一年夏收前，刮暴風，麥子減產，後又久旱無雨，秋糧基本絕收；次年春，全省有災，郾縣尤爲嚴重。河南省政府撥美國小麥六千袋，施粥於縣城東太山廟內。

此後，老河口市捐款二千二百元，漢口市捐款三千元，鄭州市賑務委員會支援五千元，分別於城關小東關、文渠街、林扒街設立粥場。

當時，鄭州饑民衆多，能到粥場求食者寥寥無幾。大部分人只能逃往外地，乞討爲生。

軍隊的行動

河南作爲抗戰前線，駐紮了第一戰區司令長官蔣鼎文手下七十萬左右的軍隊。

在河南災情上不上報這一點上，當時河南省政府主席李培基是隱瞞事實，「拼命徵糧，向中央邀功」，而蔣鼎文不同，他是「眼見災情慘重，忙撥軍糧救災」。

蔣鼎文的行動，爲他贏得了諸多讚揚。

他的部下、駐紮汜水、廣武一帶的三十八軍，提出「人節口糧馬減料」的口號，節約糧食約五萬斤，發放給三縣饑民。

軍長趙壽山從關中運來麩皮及代食品賑災，所屬十七師收容被棄兒童百餘人，在汜水收容學兵近二百人。

駐紮鞏縣的九十六軍官兵，也在節約糧食，救濟災民。爲此，群衆特意在軍部駐地康店爲其樹碑「羊杜高風」以爲紀念。這些功德，都被寫入了地方志。

但也有軍隊逆令而行，這就是駐紮在葉縣的湯恩伯部（湯此時任第一戰區副司令官）。

《葉縣縣志》記載，湯軍駐葉期間，在城東五公里處娘娘廟附近，強佔民田一千三百多畝，辟建軍用機場，機場通往各營房均修有公路。在保安鎮官莊一帶，指民田爲官田，指熟地爲荒地一千多畝，作爲三十一集團軍的軍墾農場。

他還大發國難財。葉縣當時有三十多家地主鄉紳開辦的捲煙廠，所用捲煙紙張、藥材均需由日僞敵佔區購進。湯軍勾結敵僞，將原料從敵佔區運到葉縣，轉售給各捲煙廠，又將葉縣捲煙廠掌握的黃金、白銀和其他物品，源源不斷偷運給日僞軍。

大災荒中城鄉一片荒蕪。

一九四三年秋，穀子葉穗被蝗蟲食盡，只剩光杆，湯軍到四鄉徵收馬草的人員，卻一定要帶葉穀草，農戶沒有，就強令折價交錢。

災荒的蔓延，沒有讓湯恩伯的部隊心軟。湯部下令變價徵購物資，被徵購的物資，均以不及市價二成的官價折付。不願出東西的則須按市價交錢，願送交物資的則以湯部衡器為準，並以官價付錢，實際上是要物不給錢。

湯恩伯的行為，也為他贏得了歷史惡名。至今，河南還廣傳著「水、旱、蝗、湯」為四大災害，湯即湯恩伯。

湯恩伯和其他部隊的迥異，讓他們此後受到了不同的民間待遇。史料記載，一九四四年日軍全面進攻河南，中原會戰開始，很多河南百姓趁勢拿起鋤頭、大刀，成群地向湯恩伯部隊發起攻擊，湯恩伯警衛旅被繳槍，湯本人化裝成伙夫逃走。

郭海長撰寫的《郭仲隗傳略》則說，中原會戰後的一九四四年九月，在重慶召開的國民參政會第三屆會議上，由郭仲隗領銜，一百零三人提交了嚴懲湯恩伯的提案，揭露湯在河南的罪行：利用軍權經商走私、在逃跑前讓士兵和民夫搬運大量私財、倉庫落入敵手時，裏面還有麵粉一百萬袋……

但趙壽山等人的第四集團軍在守衛洛陽期間，與日軍展開戰鬥時，老百姓全力支援，「輸送軍食、傷兵，皆人民自動爲之」。

政府瞞報，災情加重

在一個正常社會，若發生災荒，新聞自由能保障災情很快傳至四方，社會各方面可以動員起來救災，避免出現大規模餓死人的悲劇。

可一九四二年的大饑荒，並不是這樣。

楊卻俗有一篇回憶錄，發在《河南文史資料》上。文中說，當時的河南省政府主席李培基壓根兒就沒報災。

一九四二年大饑荒，早在開春就在河南大地蔓延，可當時的政府高官選擇了沉默，並且如前所述，官僚機構還有意壓制饑荒報導。

所幸衆多史料中總有記錄留給後人。

許昌、扶溝等地是當年的重災區。《許昌市志》大事記中寫道：一九四二年，春，大旱，麥苗枯萎。夏，麥子僅收二成。秋，飛蝗至，遮天蔽日，聲如颳風，秋苗食殆盡。是年，出現了歷史上罕見的大饑荒，大批群衆逃亡他鄉，農村十室九空，扒房賣地者比比皆是。饑民無以爲炊，只好挖野菜、摘樹葉、剝樹皮、撈河草、撿雁屎充饑。

至一九四三年春，各縣逃荒要飯的、賣兒賣女的、活活餓死的均以數萬計，人吃人的慘相城鄉皆有。

《扶溝縣志》中說：民國三十一年風、旱、黃水災重，二麥減收，秋禾枯萎。三十二年（一九四三年）春，大饑，人死無數；秋，飛蝗蔽天，禾被害。

記者在許昌、扶溝等地採訪，地方志中看到最多的字眼就是餓死人。百姓是在天災、人禍的夾縫中生存。

其實，這裏的百姓原本用不著死去那麼多人。

災害前，許昌地區經濟還可以。楊卻俗在回憶文章中寫道，民國三十年的時候，許昌擁有人口四十一萬五千五百餘人，農產品之外，全縣還有紡車五萬二千七百一十二輛，紡機七千一百九十八架，紡織的布匹除自用和供應軍用以外，還可以遠銷到洛陽和西安。

但經濟狀況好，引來的災民也就多。抗戰初期，許昌是冀魯兩省撤退公教人員和一些難民的集中地。黃河決口後，平漢鐵路也被拆除，它又成爲黃泛區難民的收容所。

到了一九四二年，許昌自身難保了。先是春天旱災，而後秋天淪陷區飛來漫天遍地的蝗蟲，把勉強培育的一些秋禾差不多一掃而光。

但地方官員不管百姓死活。當時國民黨政府已遷往重慶，爲擴充軍糧，國民政府財政部決定，田賦改徵實物。《許昌市志》記載，正稅和附加稅的稅額，每斤徵征小麥一斗五升。一九四二年，折徵標準提高，每斤折徵小麥二斗八升。

爲推行新制度，國民政府規定，徵實做得好的獎勵，虛報災情徵不好的要重罰。楊卻俗提到，當時的許昌縣長是內鄉人王桓武，他提前預報許昌的農業收成是八成。不料旱、蝗接連成災。他爲了做官，不敢實報災情，狠心按預報的八成徵收，甚至動用兵勇催繳。老百姓只得賣盡家當購糧繳糧。

王桓武不久便升任南陽專員。赴任前，他利用其親信在全縣六個倉庫各榨取小麥二十石，變賣後裝入私囊。

這些都加劇了許昌地區百姓的苦難，致使百姓四出逃荒，餓死者甚多。

最終，王桓武得到了報應。一九四三年，許昌地方士紳朱又廉、李文甫等人，調查王桓武等人在許昌任職期間劣跡十餘款，連續向上控告。一九四四年春，王桓武等人被撤職查辦。抗戰勝利後，內鄉民團發現王桓武涉嫌叛國，將之活埋。

「人為因素多於自然因素」

鞏義老人陳華策在《鞏縣文史資料》第五輯發表文章《記鞏縣民國年間的三次大災荒》。

他特意提到，民國三十一年的這次災荒與以往災荒不同。「往年災荒，由自然條件造成的因素居多，這次災荒除了自然災害以外，另有許多人為因素。」「災民在自然與人爲的雙重災害的沉重壓迫下過著水深火熱的艱苦生活。」

例如，當時縣政府的徵收丁銀辦法已改爲徵實徵購了，就是不徵錢，要徵糧食（主要因爲法幣貶值）。「縣政府要徵糧，鄉公所要派糧，聯保處要派糧，保公所也要派糧，保里買壯丁更要攤糧，買一個壯丁就要四五石麥子。」他說，農民有多少糧食才能填滿這個無底洞啊？

因此，農村十室九空，毫無積蓄，加上乾旱不收，生活就更無著落了。當時人們多數以樹皮、草根充饑。當時所有的樹木，八尺高以下樹木上的樹皮，都被刮得乾乾淨淨，許多人拾雁屎，刨茅草根，吃野草，有的野草有毒，吃後中毒而死。

《汝南文史資料選編》第二卷刊登的汝南政協文史委退休工作人員魏玉坤回憶文章記錄得也很詳細。

災荒發生，汝南糧食奇缺，豪紳奸商乘機囤積居奇，糧價飛漲，農民賣頭驢也難買一斗糧食。「國民黨當局，對劣紳奸商的不法行爲，絲毫不加以制止，反而隨意驅趕毆打流落街頭的饑民。」魏玉坤稱，後來出現了人吃人的慘狀，國民黨政府表面上重視，其實漠不關心，一些貪官劣紳乘機發財，中飽私囊。

汝南縣城在雲路街原有一處社倉，有倉田四千八百畝，每年打糧食都入倉庫備荒，已儲備二十多年。

這次大災，群衆要求開倉放賑，結果開倉粒米不見，糧庫早被社倉主任傅伯明等人全部盜賣。

汝南縣政府在西關、南關吉祥寺和東關眼光廟設立了捨粥場，卻讓一些地頭蛇來管理，他們克扣災糧，高價偷賣，災民遠道趕來，粥少人多，有的擠了幾天，還吃不到東西，有的吃到的東西也是摻沙的小米粥，肚子疼得滿地打滾，所以粥場附近的死人更多。

魏玉坤還回憶，縣裏成立了救濟委員會，卻被國民黨縣黨部幾個人把持。他們拿出二百萬元的救災款，叫人到安徽阜陽、太和等地購買糧食救災，但糧食沒有買回，聲言「地方扣運，糧食在途中被卡」。

實際上他們用這筆錢在外地做投機生意。直到麥收時，災民逐漸散去，買糧的人才從外地回來，稀里糊塗了結帳目。

魏玉坤稱，當時的所謂慈善會無慈善可言，只是每天早晨派人用車拉運死人，掩埋屍體。

一個並非沒有意義的設問

當我們回望七十年前那一段蒼茫的歷史，也許可以設問一下：即便是處在戰爭的環境下，當一九四二年的大饑荒來臨之初，如果人們能夠自由傳播災荒的資訊，記者的報導不會受到限制，自中央政府「蔣委員長」以下的官員們能夠積極應對，地方政府少一點貪瀆無能，而社會各界亦能群起響應，「一方有難，各方支援」，那麼，這場大饑荒會讓多至三百萬的同胞淪爲餓鬼嗎？

答案應該是否定的。諾貝爾經濟學獎得主阿馬蒂亞·森以大量案例證明，現代以來，雖然饑荒與自然災害有密切關係，但客觀因素往往只起了引發或加劇作用，權利的不平等、資訊的不透明、言論自由的缺失、政治體制的不民主才是加劇貧困和饑餓、導致大規模死亡的饑荒發生的主要原因。換句話說，糧食問題的實質，其實是與政治相關連；饑荒之是否發生，視一個社會採取何種權利與制度設計而定。

阿馬蒂亞·森用他的研究告訴我們，災荒年代受苦最深，乃至發生大量死亡的，永遠是處在社會底層的人，尤其是農民。他們沒有多少行動能力——既無法獲得食物，也無力逃避災禍。

在這樣的時刻，政府的角色至關重要。只要政府認眞賑災，饑荒的災害性可以極大地降低。然而，政府對人民遭受災難的反應，往往取決於它受到的壓力。當它受到足夠的壓力時，它才會被迫積極行動，反之則難。

資訊公開、投票選舉、遊行抗議等行使政治權利的方法，都是施加壓力的手段。面對公正的選舉、合法的反對黨和獨立的報紙，一個民主國家的政府除了竭盡全力，採取合理的救災手段以外別無選擇。相反，非民主國家易於發生大規模的死亡悲劇，就在於受難者沒有途徑發出他們的聲音。

當我們審視一九四二年大饑荒的中國時，就會遺憾地看到，如果摒棄戰爭環境這一歷史的藉口之外，蔣介石的國民政府賑災無力，正是由於它沒有受到足夠的壓力，而這點才是導致這場大饑荒終於演變到不可收拾的悲慘地步的主要因素。

我們在檢索資料時發現，早在大饑荒來臨前，就已有媒體拉響警報了。一九四二年七月上旬，南陽《前鋒報》曾「著論請負責當局，早爲防災準備，免至饑餓流離，影響抗戰之業」。七月二十四日，該報發表社評《災象已成，迅謀救濟》，從因久旱而求雨的隊伍到處可見和來自魯、寶、郟陵、扶溝等縣的災民驟增這兩種現象裏，嗅到大災已至的強烈氣息，呼籲「政府當局迅謀救災對策」。媒體堪稱一個社會的瞭望哨與警報器，這是一個具體的例子。

可惜，這份發行量僅爲二千份左右的《前鋒報》發出的災情訊號，沒有引起什麼反響。後來，《前鋒報》因持續報導災情而被河南省新聞檢查處停刊三天（因故未執行）。在消息封鎖下的地方，新聞難以發揮正常的作用，當權者可扼殺消息於報導之前，或壓制消息的擴散，而對消息所反映出來的眞相，則可無視它。

幸運的是，《大公報》記者張高峰的無畏報導，引起美國記者白修德的注意。經過兩周災區考察，一篇《等待收成》的報導登上《時代》週刊，傳遍全美。蔣介石的政府終於紙包不住火了。梅根神父給白修德的信說：「自從你走後並且發出了電報，糧食就從陝西沿著鐵路線緊急調運過來……整個國家都在忙著爲災區募捐，錢正從四面八方向河南湧來。……你將會永遠被河南所銘記。」白修德在回憶錄裏自豪地宣稱：「靠著美國新聞傳媒的力量，無數生命得到了挽救。」是的，我們要感謝白修德和福爾曼，因爲他們在當年以報導撬動了顢頇的官僚體系，迫使政府積極救災，也因爲他們爲我們留下了那場大饑荒珍貴的影像記憶。

在物質生活極大改善的今天，追蹤一場七十年前的大饑荒，似乎有點太遙遠，但我們還是希望人們能夠記住歷史的教訓，讓「饑餓中國」永遠成爲過去。

附錄

附錄

大災荒下的人情人性

一九四二年河南大災荒，中原淪爲人間地獄。除了哀嚎、痲木、殘忍、貪婪等被扭曲放大的人性之惡外，從這些墜入深淵的人們身上，仍能看到豐富的人情人性。下面是一些片段細節，均摘自相關文獻。

和梅根（洛陽天主教神父）一起，我們在二三月的料峭寒風中騎馬出發。他認為我們應該去看看正在瀕死的人們，他策馬走在前頭，唱著聖歌，並且每天早晨教我用拉丁文祈禱。在一個荒蕪村莊的廢棄教堂裏，我承受著人間悲劇的巨大壓力，跪下來為眾生祈禱……在路上，為了振作精神，梅根教我如何為死者唱安魂曲。「主啊」，他先開始唱，我如果跟著學得還正確，他就教我下一句：「請賜予彼永恆的安息。」接著再往下。然後，我們就一起唱，他的馬在前面領路，我的馬隨後緊跟，我們輓歌的應答就是對所見一切的深深悼念。

半數村莊已經衰敗，有的完全荒棄……一個老人步履踉蹌地踽踽獨行，或許，另一個村子裏，兩個女人在尖叫著互相對罵，旁邊空無一人。如果是在往常，早會圍滿了人看熱鬧，在瀕臨死亡的時刻，她們還爭吵什麼呢？

我印象最深刻的並非我算出的這些數字，也不是我們在探究這場災難時的冷漠麻木，而是當我們黃昏騎馬前行時映入眼簾的一幕。兩個人躺在地上哭泣，這是一個男人和一個女人，他們相擁在一起，以自己的身體來溫暖對方，我知道他們將會死去，但我卻不能停留。我看到了一種人間的大愛，如果無望的生活註定只能以悲劇方式終結的話，在這寒冷的、被漠視和遺忘的世界，他們即使已經倒在了冰雪覆蓋的荒野裏，也要懷抱著自己的愛人，彼此至死忠誠不渝。

——白修德

隨後，我又到方城、舞陽、南陽等縣視察救災工作，途中已見有人倒斃。方城城外即有人市，一對夫婦，無法生活，妻被出賣，當分手時，妻呼其夫說：「你來，我的褲子囫圇一些，咱倆脫下換一下吧。」夫聽此話，大受感動，抱頭痛哭說：「不賣你了，死也死在一起。」

——張仲魯

民國三十二年冬，京里村的十九歲農民千俊峰趕馬車從寺河村（今屬焦作市百間房鄉）賣煤回來，行至臥龍崗村時，遇到一個二十歲左右的姑娘坐在路邊。這姑娘一見馬車到來，便招手示意想搭一段路。千俊峰就叫她上去了。姑娘坐穩後，兩隻眼還直盯著車上的裝饃口袋。千俊峰看出了這姑娘的心事，就把自己捨不得吃的僅有的一個火燒給了她，並和她開玩笑說：「你吃了這個菜餅，就得跟我回家，以後咱們一塊過日子，你說行嗎？」

車到縣城西關停住，千俊峰讓姑娘下車，她貴賤不肯，招來了好幾個人前來圍觀。只聽姑娘說：「說好了讓俺給你當媳婦，回家好好過日子，沒出半晌又變卦了，那咋會中哩！」千俊峰十分難為情地說：「我……那是句玩笑話，誰知你就當真了！老天爺呀，我連自己還養活不住，哪能養得起媳婦啊！」後經眾人好言解勸，最後千俊峰又為那姑娘買了一點吃的，這場風波才算了結。

——周長安

民國三十四年的春天，我隨同河南省立第二臨時師範學校，流亡到陝西省周至縣的祖庵鎮，記得鎮外有一條溪流。一天，一些學生告訴我，說是我們的一個學生被當地的人抓走了。探詢之下，初得的消息是某生在溪旁遇到他大災荒中失去消息的未婚妻——正巧這一天她在溪邊浣衣，相晤之下，悲喜交集。雖然她早已嫁了當地的人，但是她要和他團聚在一起，要和他日後相偕還鄉，因而為她當地的丈夫所不容，將某生一併帶走……於是學校當局就找同鄉會要求援助，誰知那位女子並不是某生的未婚妻，而是在河南大災荒時期被輾轉賣給當地人做妻的。她久別故鄉，夢寐勞思，乍聞鄉音，兼是同年紀，情急之下，乃約定以未婚夫妻名義，脫離當地人，生活在一起，他日結伴歸去，豈非正是夢寐以求的事？無奈好事多磨，美夢難圓，經同鄉會之調處，女的不再求離，某生也被發還財物，釋放歸來。

——楊卻俗

洛寧有馮姓兄弟者二人，歲欠，糝粒不繼，俱已成家，告貸無門。兄弟私相計較，兄欲賣其妻以輕負擔，兼以所得維生活，弟曰嫂有兒女，我不忍侄兒失其慈母，不如出弟婦。兄曰弟婦年輕，可以佐家務，不如出爾嫂，兩爭不決，而心酸言悲，終至相對痛哭。弟既愛其妻，又不忍出其嫂。衷心淒酸，竟夜未能成寐。晨興擬再與其兄商圖，不料乃兄已投環死矣，弟大慟，投洛水而死，妯娌知其故，心哀其夫，復念來日之無靠，乃盡貨所有，置毒鍋中，率子女共食，一日之間全家斃命。

——《水旱蝗湯悲歌》

陳恩溥，祁雅麗，我倆徵得雙方家長同意，訂於三十二年一月三十一日在重慶中美交往協會舉行結婚典禮，抗戰期間一切從簡，特此敬告諸親友。

——《大公報》

緣鄙人與馮氏結婚以來感情不和，難以偕老，經雙方同意，自即日起，業已離異，從此男婚女嫁，各聽自便。張蔭萍馮氏啓。

——《河南民國日報》

敝人舊曆十二月初六日赴洛陽送貨，敝妻劉化，許昌人，該晚逃走，將衣服被褥零碎物件完全帶走，至今數日音信全無。如此人在外發生意外不明之事，與敝人無干，自此脫離夫妻關係。恐親友不明，特此登報鄭重聲明。偃師槐廟村中正西街門牌五號田光寅啓。

——《河南民國日報》

附錄

歷史不應遺忘——專訪宋致新

人類唯一能從歷史中吸取的教訓就是，人類從來都不會從歷史中吸取教訓。

——黑格爾

宋致新，女，一九四九年生。一九八二年從武漢大學畢業後分配到湖北省社會科學院文學研究所工作，現已退休。一九八五年協助父親李蕤整理《豫災剪影》的文章，在袁蓬主編的《河南文史資料》上發表。隨後開始研究河南大饑荒，出版《一九四二河南大饑荒》一書，其中收錄了美國《時代》週刊記者白修德、《大公報》記者張高峰、《前鋒報》記者李蕤等對災情的通訊報導，還有知情人的回憶以及災民的斑斑血淚。這本書使得這場大饑荒的相關歷史資料，得以完整保存。

宋致新的母親宋映雪，今年已滿百歲，是一九四二年河南大饑荒罕見的重要見證人。她的大哥趙致眞，專門將白修德關於河南大饑荒的諸多著述的英文版原文從美國購回，並翻譯成中文。可以說，對於一九四二年河南大饑荒眞相，他們是最權威的發言人。她父親李蕤當年冒死採訪，爲歷史留下了一份寶貴的記錄。她的其他家庭成員，在鉤沉一九四二年河南大饑荒這段歷史時也起了薪傳火遞的作用。面對記者採訪，她提供了大量資料。她說，希望更多的學者和媒體能夠關注到這場災難，勿忘苦難，牢記歷史。

二〇一二年七月十五日，記者對她進行了專訪。

災荒：日本侵略者給河南造成深重災難

河南商報：一九四二年大饑荒是自然因素，還是人爲因素導致的？

宋致新：是天災，更是人禍。

我們現在回過頭去看那段歷史，可以清楚看到，雖然天降災禍，但日本帝國主義發動的侵華戰爭，是造成這場特大饑荒的根本原因。

河南商報：爲什麼這麼說？

宋致新：中原地區自古是兵家必爭之地。河南地處中原腹地，抗戰八年，河南始終是中國的重要戰場，是川陝大後方的前線。

「七七」事變後，華北淪陷，日本在河南轄區內先後發動過十多次大規模進攻，在一九四二年大饑荒發生前，豫北、豫東、豫南三十多個縣已經淪陷，占河南總面積三分之一，國民政府管轄的區域三面臨敵，只剩豫中、豫西的半壁河山。

災荒蔓延，就是在抵抗日軍的過程中發生的。

河南商報：為抗戰，河南人民付出了極大代價。

宋致新：是的。為阻止日軍前進，蔣介石「以水代兵」，炸開花園口，滾滾黃水淹沒河南、安徽、江蘇三省所屬四十四縣。黃水退後，形成了長達四百多公里的黃泛區。黃泛區百姓大量流向國統區，加重了國統區的糧食負擔。

大旱之後，黃泛區撂荒土地，又成為蝗蝻孳生的溫床，導致河南一九四二年大旱緊接著是蝗災，形成惡性循環。

河南商報：河南是當時的抗戰前線，河南負擔沉重吧？

宋致新：河南對抗戰可謂勞苦功高。

抗日戰爭爆發後，幾十萬中國抗日部隊長期在河南駐紮，將士們吃的糧食，戰馬吃的草料，以及兵員的補充，全靠從河南「就地取材」。

根據我掌握的史料，從一九三七年到一九四二年河南遭災，河南的出兵出糧都是全國第一。沉重的賦稅兵役，使河南的民力、物力、財力枯竭，農民破產流亡。當一九四二年全省遭災，麥收只有一兩成、秋糧完全絕收時，一場大饑荒就不可避免了。

救災：國民政府有意「犧牲」河南

河南商報：河南災荒，政府應該設法救助。

宋致新：救災需要能力，也需要決心。這在當時都不具備。

先說能力。抗戰前，河南鐵路交通最為發達，縱向的平漢鐵路，東西的隴海鐵路，在鄭州交匯。這些鐵路在兵火中被毀，大部分癱瘓，只有洛陽以西的隴海線一段還在運行。自古救濟饑荒，無外「移民」和「移粟」兩種辦法。在河南交通極其困難的情況下，兩種方法都行不通，河南災民似乎只能坐以待斃。

再說決心。抗戰爆發前幾年，戰事最為吃緊，河南三面環敵，要救災確也困難。可到了一九四二年，戰爭進入相持階段，抗戰前線無大的戰事，國民政府如果誠心救災，還是有力量把災情降到最低程度的。

但蔣介石政權在「軍事第一」口號下，有意忽略災情，導致災情日趨嚴重。從這個角度說，國民政府的策略，是導致河南國統區大批災民死亡的直接原因。

河南商報：河南災情蔣介石知道嗎？美國記者白修德在《時代》週刊報導發表的一九四三年三月底，去當面向蔣介石陳述災情，蔣介石似乎還不相信。

宋致新：這是蔣介石在耍手段。其實，他對河南災情的嚴重性是知曉的。一九四二年八九月份，河南出現災情，蔣介石就從軍方獲得了消息。他立即意識到危機，心急火燎地跑到西安，召開緊急「前方軍糧會議」，一方面決定將河南徵糧數額減爲二百五十萬石，另一方面命令徵用所有運輸工具，把西安方面的儲糧迅速運到河南，解決河南駐軍的糧食問題，對農民卻忽略了。

到一九四二年十月，河南省賑濟會推選楊一峰等代表赴重慶，呼請國民黨中央免除災區徵實配額，蔣介石不僅拒絕見他們，而且禁止他們在重慶公開活動。十月二十日，國民黨中央政府派張繼、張厲生等到河南察災，他們經過實地考察，承認河南災情確實嚴重。十月三十日，豫籍國民參政員郭仲隗在重慶召開的第三屆一次國民參政會上，還曾哭著爲河南災民陳情。

這樣到了一九四二年十二月，國民黨中央政府才撥給河南二億元賑災款，同時又強調，軍糧徵收不能減免。一九四三年元月底，一些數字出來了，國民政府上年從河南共徵收一百七十萬大包小麥。中央社消息說：「河南人民深明大義，罄其所有，貢獻國家。」此時的河南百姓，卻在水深火熱之中。

其實，由於河南是抗日前線，被中日雙方反覆爭奪，蔣介石也不願在河南百姓身上投入大血本，「不讓糧食資敵」，抱著隨時準備放棄的態度。

河南商報：二億元賑災款不夠河南災民用？

宋致新：這個數字似乎很大，折算成實物就捉襟見肘了。按當時糧價，二億元即便全買成糧食，也只能購得二千萬斤，如果分給三百萬災民，每人只有六斤多。而國民政府從河南徵收的一百七十萬大包小麥，每大包合二百斤，共計三點四億斤。

更重要的是，要把這二億元賑災款變成糧食，再送到災民手中，是需要一段時間的。災荒年，糧食要比金錢珍貴多了。

災蟲：有官員趁機發國難財

河南商報：災荒發生，中央政府有意忽視，但地方政府總不會視而不見吧？

宋致新：災情發生後，河南許多地方自發救災，但在政府層面、軍政方面，還是存在很多問題和貪腐的。

在河南內部，對待災荒上，軍隊和政府的態度是不一樣的。河南省政府主席李培基爲了向上邀功，瞞災不報，軍方只管要糧，以勢相逼。省府官員不是親臨災區督導救災，而是「紙片救災」，「公文往返，動需月餘」；況且，省政府機關中還隱藏著特大貪污犯馬國琳、李漢珍等人，靠他們救災，哪敢指望？

一九四五年，河南省參政會查出轟動全國的河南省農工銀行行長李漢珍等在大災期間貪污賑災款數億元的「特大平糶舞弊案」。

還有駐紮河南的第一戰區副司令官湯恩伯，在重災區拉丁抓夫，橫徵暴斂，老百姓對他恨之入骨。

災情：死亡人數三百萬是個保守數字

河南商報：大饑荒避免不了死亡，一九四二年大饑荒河南死亡人數有多少？

宋致新：目前官方給出的資料是三百萬。但根據白修德等人的新聞記錄，死亡人數可能超過三百萬。

河南商報：這在報導中有記錄嗎？

宋致新：有。在新聞報導中，這些記者提到，僅在許昌一個縣，當時上報的死亡人數就有五萬多人。河南一百多個縣，當時災情都很嚴重，算起來應該有五百萬。三百萬只是個保守數字。

這其中，受災最嚴重的是鄭州。鄭州本來是交通樞紐，但鐵路都斷了，反而成了死角，行政專署也從鄭州遷走了。外地很多人不知道鄭州的情況，都朝這裏逃，結果很悲慘。

災變：對民不義，民就仇恨你

河南商報：國民政府如此對待災區，災民沒有意見嗎？

宋致新：災民們又有什麼辦法呢？他們沒法與政權對抗，但他們可以用腳投票。一九四四年四月，世界反法西斯戰爭曙光已顯，日軍在太平洋戰場受到重創之後，孤注一擲，在中國發動了空前規模的「一號作戰」，企圖打通平漢線，建立直通南方的大走廊。

四月十七日，日軍渡過黃河，在豫中的廣大地區與中國軍隊交戰，歷時三十八天的戰鬥中，日軍以五萬左右的兵力，打垮了四十萬國民黨軍隊，佔領豫中三十多個縣城，國民黨軍隊慘敗。

更令國軍想不到的是，當部隊向豫西撤退時，豫西山區的民衆四處截擊他們，繳獲他們的槍支彈藥、高射炮、無線電臺，甚至槍殺部隊官兵。

顯然，這是河南大災期間國民黨軍隊對人民的欺壓引起了人民的仇恨與反抗。對此，湯恩伯不僅不深刻反省，反而惱羞成怒，誣衊河南民衆都是漢奸。

而與此形成鮮明對比的是守衛洛陽一帶的部隊。這些部隊在中原大會戰期間，民衆不僅支持抗日，還幫他們運糧運傷患。因爲在大災期間，他們在汜水節糧救災的事蹟在當地廣爲傳頌。

這正應了那句古話，「水能載舟，亦能覆舟」，草根的力量是不容忽視的。後來有人說這些人是漢奸什麼的，我不這麼認爲，老百姓並不會把愛國掛在嘴上，他們看的是你的實際行動，你對我壞，我就會仇恨你。

附記：

在採訪宋致新時，她提供了許多史料。她認爲，一九四五年，毛澤東在《論聯合政府》中談到國統區情況時，有一段話剛好切中了豫中會戰期間「民變蜂起」的要害。現摘錄毛澤東的話如下：

> 國民黨內的主要統治集團，堅持獨裁統治，實行了消極的抗日政策和反人民的國內政策。這樣，就使得……它自己和廣大人民之間發生了深刻的裂痕，造成了民生凋敝、民怨沸騰、民變蜂起的嚴重危機……
>
> 國民黨統治者面前擺著的這些反常狀況，怪誰呢？怪別人，還是怪他們自己呢？怪外國缺少援助，還是怪國民黨政府的獨裁統治和腐敗無能呢？這難道還不明白嗎？

附錄

「人這一輩子，做一兩件事就夠了」——專訪郭安慶

鄭州市城東路一百三八號院，俗稱「老紅軍院」，鬧市中看不出有什麼不同。在這所院子裏，記者採訪了郭仲隗的孫子郭安慶。

為民請命不惜和糧食部長爭吵

郭安慶今年六十九歲，住在鄭州，經歷了「文革」，家裏所有和爺爺有關的東西，一樣都找不到了。「那時候都打成右派了，哪還敢保留。」

他的爺爺，就是曾在一九四二年河南大饑荒時，在國民參政會上爲民請命，痛陳河南災情的參政員郭仲隗。

在他家裏，保存著一本書，收有當年《大公報》記者高集發的一篇文章，標題是《郭仲隗自河南來》，提到「參政員郭仲隗自河南來，跋涉關山，翻越峭壁絕險，偷

渡過敵人槍刺刀尖的封鎖，帶來了河南三千萬民衆的痛苦和熱望，『我要爲河南老百姓說話』」。

爲把眞實情況反映上去，郭仲隗抄了條小路，跋山涉水，翻越伏牛山最高峰，又從伊川經汝陽，穿過荊棘密佈無路可走的荒山，繞嵩縣東南角黃莊再往西行，十四天到達內鄉。

在峭壁懸崖上，他用一條繩索拴在山頂的樹幹上，另一頭纏在腰間，順勢往下溜，這樣走了五天。伏牛山頂是一片原始森林，狼窺豹嘯，跌死的牲口腥臭熏天，郭仲隗時時有被野獸呑噬的危險。且在半路上，他又腹瀉不止。到重慶前後共行二十三天，五十八歲的他體重減去十二公斤，門牙掉了兩顆。

還有兩篇回憶錄，提到爲了賑災的事，郭仲隗還和當時國民政府糧食部長徐勘吵了一架。

這些事，郭安慶是後來聽爺爺說起過。

他做了一般人做不到的事

郭安慶記事的時候，開封都快解放了。因爲郭仲隗當時是國民政府河南省檢察使，看到開封要解放，就經徐州去了南京；南京快解放時候，就去上海了。作爲家裏的長子長孫，郭安慶很得爺爺喜歡。因爲不知道後來的形勢怎樣，爺爺臨走的時候，就帶上了他。

但很快上海也要解放了。在上海期間，因爲彈劾過湯恩伯，郭仲隗擔心他報復。當時，湯恩伯是上海警備司令。不過郭仲隗還是拿到了離開上海的機票。

最終爺爺沒有跟著國民黨走，郭安慶說，因爲自己的父親是地下黨員。

郭安慶的父親郭海長，當時在開封辦《中國時報》，但他的實際身份是共產黨員。開封兩次解放，郭海長一直沒有暴露身份，第二次解放時，通過黨組織跟上面聯繫，提出想去解放區。因爲郭海長是河南大學畢業生，他們就到河大討論了這個事情。隨後決定前往解放區。

當時，河大著名教授嵇文甫、蘇金傘等，還有報界人士，包括家屬共去了七十九人，坐了兩輛卡車，前往解放區，受到了鄧小平的歡迎。

因爲這件事，郭仲隗當時沒有走，雖然對解放軍也不是特別了解，但他還是留了下來。

「爺爺覺得他做的事情都是伸張正義的。他正直敢言，敢彈劾湯恩伯，他做了一般人做不到的事。」郭安慶說。

人一輩子，做一兩件事就夠了

《一九四二：河南大饑荒》的作者宋致新，也是郭安慶熟悉的人。他說，宋致新父親趙悔深，也就是李蕤，和他父親郭海長關係很好。郭海長辦了《中國時報》，李蕤在《前鋒報》，後來兩家報紙還合併了。

爺爺郭仲隗一九五九年去世，但是在一九五七年，被劃成了右派。父親也被劃成了右派。母親因爲沒有跟父親離婚，到一九五八年「反右」運動都結束了，還給劃成了右派。接下來又是「文革」，家裏爺爺的東西都沒能留下來。

平反後，父親郭海長到省政協工作。《前鋒報》前編輯袁蓬後來也到了《河南文史資料》，開始收集關於大饑荒的史料。

他說，爺爺爲民請命，老百姓最感謝這樣的人，當官的爲老百姓做一點事，老百姓就會銘記他。「人的一生呢，做一兩件事就可以了。」

這種銘記也讓他有親身體會。郭安慶說，他在新鄉上學時，一次去看病，要填姓名、籍貫，他填上新鄉大召營，說姓郭，當時醫生就問：「大召營姓郭，郭仲隗是你什麼人？」

他說，豫北人，尤其是新鄉人，不少都爲郭仲隗感到自豪。

還有一個例子，郭安慶有個哥哥，上中學時，歷史課老師一講到災荒，就把課本一合，說一九四二年的災荒，然後說新鄉有個人郭仲隗怎樣怎樣。每次還都把他哥哥叫起來，指著他說，「就是他爺爺」。

主題閱讀書目

宋致新編著《一九四二河南大饑荒》，湖北人民出版社，二〇一二年
馬健輝著《白修德與一九四二－一九四三年河南大災荒研究》，曲阜師範大學，二〇一二年碩士論文
王冰著《一九四二－一九四三年河南大災荒的歷史記憶研究》，廣西師範大學，二〇一二年碩士論文
渠長根著《功罪千秋——花園口事件研究》，蘭州大學出版社，二〇〇三年
文芳編《黑色記憶之天災人禍》，中國文藝出版社，二〇〇四年
潘長順主編《江流天地外——郭仲隗 郭海長紀念文集》，河南人民出版社，一九九六年
吳相湘著《第二次中日戰爭史》，臺灣綜合月刊社，一九七三年
馬仲廉撰《花園口事件的軍事意義》，載《抗日戰爭研究》，一九九九年第四期
田照林撰《正面戰場作戰史料的選用——兼論花園口決堤對抗日戰爭的影響》，載《軍事歷史研究》，一九九八年第二期

方一戈撰《一個美國記者的正義揭證——〈時代〉週刊特派員白修德與一九四二年河南大災》，載《文史春秋》，二〇〇五年第五期
劉永峰等撰《一九四二失控中國：一場災荒和蔣政權的崩潰》，載《看歷史》，二〇一二年十一月總第三十二期
李菁撰《白修德：一個美國記者的歷史探索》，載《三聯生活周刊》，二〇一二年第四十六期
王凱撰《一九四二年：河南之災與失控之國》，載《三聯生活週刊》，二〇一二年第四十六期

（美）白修德著《探索歷史——白修德筆下的中國抗日戰爭》，馬清槐方生譯，三聯書店，一九八七年
（美）約瑟夫·W·埃謝里克編著《在中國失掉的機會》，羅清　趙仲強譯，國際文化出版公司，一九八九年
（印度）阿馬蒂亞·森著《貧困與饑荒》，商務印書館，二〇〇一年
（印度）讓·德雷茲　阿瑪蒂亞·森著《饑餓與公共行為》，社科文獻出版社，二〇〇六年
（法）西爾維·布呂內爾著《饑荒與政治》，社會科學文獻出版社，二〇一〇年

有些記憶需要重拾

（一）

二〇〇九年冬，鳳凰網歷史頻道刊登的一組黑白照片讓我極度震驚。照片中那些衣衫襤褸、眼神癡呆、鳩形鵠面的饑民，或挑筐拉車、或扯兒帶女、或搶扒火車、或斃命荒野……

那分明是人間地獄。

圖片的文字解說是：一九四二年夏到一九四三年春，河南發生大旱災，夏秋兩季大部絕收。圖片均爲一九四三年二月底至三月初，倫敦《泰晤士報》記者福爾曼與美國《時代》週刊記者白修德在河南災區實地採訪時拍攝的照片。

圖片文字還說：在短短一兩年之內，在河南發生的這次大饑荒中，河南百姓餓死三百萬人，逃亡三百萬人！

但這些，作爲地地道道的河南人，作爲七〇後新聞媒體人，我此前從未聽說過。

隨後我查找與這段歷史相關的資料，除了文學版的《溫故一九四二》，記錄、研究這段歷史的資料無幾。

我為自己的無知淺薄汗顏。

也為自己為什麼不知道這段歷史而思考。

於是，就有了用新聞的視角去挖掘這段歷史的想法。

（二）

做新聞的喜歡談論新聞由頭。冷不丁地突然要探尋這段歷史，被認為有點突兀，於是當年遺憾放棄。

但三年來，我和同事們一直在收集著、熟悉著這段歷史的資料，儘管人事變更，幾個同事接手又放手，放手又接手。

對這一選題的堅持，一是作為河南人我特別想知道河南這段被掩埋的歷史眞相；二是我堅信這段歷史該有它警示當下，昭示未來的珍貴價值；三是作為新聞記者我們應該在探尋和揭示眞相上擔負責任。

我們的想法在總編輯孟磊的策劃指導下，在二〇一二年的春天終於有了實質性推進。

因為資料少，知道的少，面對這個選題，我們首先感到的是無知和無措。

圖書館、檔案館、政協……省內的省外的，記者李肖肖奉命去尋找所有有關一九四二的典籍資料。耐著寂寞和枯燥，研讀了百餘本包括繁體字、豎排版的典籍報章史料，兩個月後李肖肖給我們整理出了四萬餘字的她所知道的「一九四二概念版」。

她的概念版，對我們來說，猶如一張戰地圖，讓我們知道了這段歷史在空間上和時間上的座標，知道了在這個座標上的那些關鍵人和關鍵事，也知道了該如何利用這張戰地圖去打這場仗！

八月三日，「一九四二」報導小組正式成立，他們都是商報優秀的記者：李肖肖、王向前、肖風偉、李政、段睿超、楊東華、王春勝。機動新聞部主任郭小陽統籌協調。

在討論中我們達成共識：我們要採寫的是新聞，更是歷史。如果我們平日採寫的新聞都是易碎品的話，我們這次做的，一定是要經得起歷史考驗，能永久存放到檔案館和圖書館的典籍。

所以，我們的採訪必須紮實全面，我們的寫作必須客觀精準。

（三）

八月，那還是酷熱的夏，時不時的暴雨傾下，弟兄們分頭出發了。一路省內探尋，一路省外追訪，一路留守統籌。

前後一個半月的採訪，一路風雨一路塵。但比起白修德、張高峰、李蕤等當年採訪一九四二年大饑荒的前輩，我們的辛苦，實在矯情。

但無論是採訪還是其後一個半月的寫稿，我們努力向前輩的嚴謹靠攏。

比如爲了尋找日本兵修建的專打隴海鐵路上火車的炮臺，我們費盡周折尋找了三天，儘管我們最終找到的只是一個廢棄的土堆。比如我們寫稿時，會將採訪到的每一個當事人，都盡可能的將其姓氏年齡住址等標註精準，盡可能用相機和攝影機錄下他們的音容與講述。

他們就是活的歷史。這些災難的倖存者和見證者，正陸續離我們而去。某種意義上說，我們是從死神手裏搶救眞相。

報導中的每一個人物、事件、數字、說法等，我們都盡可能核准其出處，並進行客觀陳述。

小規模的修改完善不計其數，大規模的修改稿件，已有五次。

感謝夏明方、蘇新留、王全營、石耘等幾位特約顧問幫我們審看把關，指導建議。

感謝中華書局厚愛此書。

感謝爲此書付出心血的衆多幕後幫忙者。

（四）

對新聞而言，眞實就是生命。

對歷史而言，眞相就是生命。

整個報導過程中，我們刻意規避政治、商業等因素的介入，爲的就是追求眞相的純潔。

但我知道，我們肯定尙有許多疏漏，甚至偏差。

我們努力向好做。

我們期待更多的人介入眞相的探尋，歷史的歸檔。

爲了警醒當下。

爲了昭示未來。

關國鋒　二〇一二年十一月十五日於鄭州

專家顧問

劉震雲

作家 茅盾文學獎得主

（《溫故一九四二》作者　電影《一九四二》編劇）

夏明方

中國人民大學教授　清史研究所所長　博導

（出版專著《民國時期自然災害與鄉村社會》）

蘇新留

南陽師範學院教授　研究生處處長 碩導

（出版專著《民國時期河南水旱災害與鄉村社會》）

石耘

三門峽市政協文史委主任

（主攻地方文史資料）

出品：河南商報社

策劃：孟磊

統籌：關國鋒　郭小陽

執行：關國鋒　郭小陽　李肖肖　肖風偉

王向前　李政　段睿超　張琳娟

影像統籌：范新亞

攝影攝像：楊東華　王春勝

視頻剪輯：徐德馨

製圖：方毅夫

鳴謝

河南省政協

河南省檔案館

河南省圖書館

黃委會

甘肅省政協

三門峽市政協

潼關市政協

西安市政協

寶雞市政協

宋致新

郭安慶

國家圖書館出版品預行編目資料

一九四二饑餓中國/孟磊，關國鋒，郭小陽等編著.一 初版.一臺北市 華品文創，2013.01 面；公分
ISBN 978-986-89112-2-2(平裝)

1. 農業災害 2. 饑荒 3. 河南省

433.092 101027056

華品文創出版股份有限公司
Chinese Creation Publishing Co.,Ltd.

一九四二 饑餓中國

作　　者：孟磊 關國鋒 郭小陽等 編著
總 經 理：王承惠
總 編 輯：陳秋玲
財 務 長：江美慧
印務統籌：張傳財
美術設計：vision 視覺藝術工作室
出 版 者：華品文創出版股份有限公司
地址：100台北市中正區重慶南路一段57號13樓之
讀者服務專線：(02)2331-7103　(02)2331-8030
讀者服務傳真：(02)2331-6735
E-mail：service.ccpc@msa.hinet.net
部落格：http://blog.udn.com/CCPC

總 經 銷：大和書報圖書股份有限公司
地址：新北市新莊區五工五路2號
電話：(02)8990-2588
傳真：(02)2299-7900
印　　刷：卡樂彩色製版印刷有限公司

初版一刷：2013年1月
定價：平裝新台幣300元
ISBN：978-986-89112-2-2